Natural fermented bread theories and practices

천연발효 유럽빵의 이론과 실습

이노운·김창석·이지선 공저

씨마스21

인류가 빵을 만들기 시작한 것은 매우 오래전부터이나, 메소포타미아 시대(B.C 4000년)에는 인류 최초로 소맥재배가 시작되었으며, 고대 이집트 시대(B.C 1500년 경)에는 야생효모균을 이용하여 발효빵을 제조하기 시작했다고 전해지고 있다. 유럽에 제빵제조법이 처음으로 전파되기 시작한 시기는 그리스 시대(B.C 1000년 경)부터라고 한다.

우리나라에서는 1880년 경, 과자류를 처음 수입하여 판매하기 시작하였으며, 1970년경부터는 국내에서 자체 생산하여 판매되었다. 1972년대 우리나라의 대표적인 제빵업계로는 뉴욕제과, 고려당, 독일빵집 등이 있었다.

효모가 발견 되기 전에는 밀가루에 물만 넣어 만든 딱딱한 빵을 먹었다. 그러나 효모가 발견되면서 발효에 의해 본 반죽의 2배 정도 팽창된 반죽을 오븐에 구워 부드러운 빵을 제조하여 먹을 수 있었다. 국내에서는 현재 순수 배양하여 시판하고 있는 농축효모인 *Saccharomyces cerevisiae*균을 사용하므로 발효시간을 30~60분으로 표준화하여 제빵제조 기술에 큰 기여를 하고 있다.

오늘날 국내 정세가 빠르게 변화하는 글로벌 시대를 맞이하여 표준화된 빵만으로는 경쟁력을 높일 수 없다. 따라서 개성 있는 빵 즉, 맛이 독특하고 깊은 맛이 있으며, 향기도 좋은 빵을 제조하기 위해 천연발효를 이용한 발효빵을 찾는 소비자들이 날로 늘고 있다.

이 책은 천연효모의 종균을 제조하고 유지 관리하는 방법을 학습하는 것에 중점을 두어 제 I 부에서는 천연발효 유럽빵의 이론을 제 II 부에서는 천연 발효 유럽빵의 실습으로 크게 이론과 실습, 두 개의 영역으로 나누어 구성하였다.

제 I 부 이론 부분에서는 기초 미생물학, 미생물의 증식, 발효, 효소, 효모, 유기산 등의 제빵 기초 미생물학을 기술하였다. 즉 제 I 부에서는 제빵을 위한 기초 미생물학과 기초 화학을 학습함으로써 야생효모인 종균 제조법 및 천연효모 발효시간을 표준화하고 조절함으로써 천연발효 유럽빵 제조를 안정화시키는데 충분한 기초 지식이 되리라 사료된다.

제 II 부 실습 부분에서는 화이트 사워종, 호말 사워종, 통밀 사워종을 비롯하여 야생효모 제조 시에 사용되는 건포도, 무화과, 블루베리, 바질, 로즈마리 등 시중에서 쉽게 구할 수 있는 식재료를 사용하여 각각의 천연효모 제조방법과 제조한 천연효모를 이용하여 여러 가지 종류의 천연 발효 유럽빵의 제조법을 기술하였다.

이 책의 저술자인 이노운은 건국대학교 대학원 미생물공학과에서 발효생산전공으로 박사학위를 취득하고, (주)종근당 발효연구실에서 8년간 근무 후 경희대학교 조리과학과, 건국대학교 산업대학원 미생물공학과, 을지대학교 식품영양학과 등에서 8년간 강의하였다. 김창석은 한국방송통신대학교 영어학과를 졸업하고, 고려당 10년, 종각21제과제빵커피학원과 종로호텔제과직업전문학교 등에서 20년 근무하고 있다. 이지선은 한양대학교 대학원 식품영양학과에서 석사를 취득하고, 호주 멜버른에 소재한 로렌트베이커리와 가나쉬초콜렛 회사에서 2년 근무하였으며, 현재 종로호텔제과직업전문학교에서 근무하고 있다.

이 책이 출판되기까지 많은 격려를 아끼지 않았던 문용선 법원장, 정인찬 박사, 김천석 박사, 그리고 이 책이 출간될 수 있도록 도움을 주신 씨마스21 김남인 대표님과 관계자 여러분께도 심심한 감사를 드립니다.

이노운, 김창석, 이지선 올림

제 I 부 천연 발효 유럽빵 이론 6/7

제Ⅱ부 천연 발효 유랍빵 실습 50/51

제 I 부

천연발효 유럽빵 이론

1 CHAPTER 제빵 기초 미생물학

미생물학(microbiology)은 사람의 눈으로 식별할 수 없을 정도의 작은 생물을 대상으로 하며, 이들 미생물(microorganism)이 나타내는 생명현상을 연구하는 학문이다. 사람의 눈으로는 0.1mm 이하의 물체를 식별하지 못한다. 미생물은 현재 균류(bacteria), 사상균류(mold), 효모류(yeast), 조류(algae), 원생동물류(protozoa)와 또 한계적인 생물이라고 할 수 있는 바이러스(virus) 등이 있다.

안토니 반 뢰벤후크(Antony van Leeuwenhoek; 1632~1723)는 프랑스의 화학자이자 미생물학자로서 현미경을 발명하여 신비한 생명체를 관찰하였다. 따라서 우리의 주위에는 불가시적(不可視的)인 미생물의 존재가 인정되기 시작하였다.

영국의 존 니담(John Needham; 1713~1781)은 1745년에 음식물에 열을 가하면 모든 생명체가 죽는다고 알고 있었기 때문에 음식물을 끓여 밀폐하여 두어도 미생물이 발견된다는 생물의 자연 발생설을 주장하였다.

루이스 파스퇴르(Louis Pasteur; 1822~1895)는 프랑스의 화학자 · 미생물학자로서 발효 작용에 있어 효모의 대사 과정에서 부패는 효모 이외의 여러 잡균에 의해서 일어남을 발견하였다. 또한 목이 긴 S자형 플라스크 장치를 고안하여 실험한 결과 자연 발생설을 부정하는 데 입증하게 되었다.

로베르트 코흐(Robert Koch; 1843~1910)은 독일의 세균학자로서 1881년에 고체배지상에 도말법(streak method)으로 미생물의 순수 분리 배양법을 개발하였다. 따라서 각종 전염병은 각기 특정한 병원균에 의해 일으키며, 결핵균, 콜레라균 등을 발견하였다.

오늘날 미생물은 유기물을 분해 및 변화시켜 유용한 물질을 생산하는 발효 과정에 이용되고 있다. 즉 미생물의 종류나 환경에 따라 다양하나 대표적으로 알코올 발효, 젖산 발효, 메탄 발효, 아미노산 발효, 유기산 발효, 빵 발효, 항생 물질 발효, 핵산 발효에 이용하고 있다.

{제1절} 기초 미생물학

1. 미생물의 명명법

세균과 방사선균은 국제세균명명규약(International Bacteriological Code of Nomenclature)에 따르고, 효모와 곰팡이, 버섯 등은 국제식물명명규약(International Rule of Botanical Nomenclature)에 따라 명명한다.

미생물의 학명(scientific name)은 속(genus)명과 종(species)명을 조합한 2명법(binomial nomenclature)을 사용하고 끝에는 명명자의 이름을 붙인다.

속명은 라틴어의 실명사(實名詞) 또는 형용사의 단수로 쓰고 대문자로 시작한다. 때로는 속이 가지는 큰 특징을 나타내는 말을 쓰기도 하며, 관련이 깊은 지명, 인명 등이 사용되나, 항상 라틴어의 실명사로 표기한다.

종명은 형태, 향기, 색상 등의 특징을 나타내는 형용사 또는 형용사화 된 명사, 명사의 소유격을 라틴어로 쓰되 소문자로 시작한다.

또한 미생물을 분리하거나 발견에 기여된 지명이나 내력, 기원, 기타 상세한 특징을 나타내어 이와 관련시켜 명명하기도 한다.

또한 같은 종명을 가진 균에서도 균주(菌株, strain)에 따라서 성질이 약간씩 다르기 때문에 종명 다음에 기호나 숫자를 붙여서 균주를 구별하는 경우가 많다.

[표 1-1]은 미생물의 총괄 분류표이다. 한편 식품미생물학에서는 예전부터 실용적인 면에서 학명과는 달리 젖산을 다량으로 생성하는 세균을 젖산균(乳酸菌, lactic acid bacteria), 초산을 만드는 세균을 초산균(醋酸菌, acetic acid bacteria), 국(麴, koji)을 만드는 데 이용하는 곰팡이를 코지균 또는 국균(麴菌), 맥주, 빵을 만드는 데 이용하는 효모를 각각 맥주 효모, 빵 효모 등으로 총칭하기도 한다.

[표 1-1] 미생물의 총괄 분류표

위계명(位階名)	Latin어명	위계(位階)의 어미
division(門)	division	-mycota
subdivision(亞門)	subdivisio	-mycotina
class(綱)	classis	-mycete
subclass(亞綱)	subclassis	-mycetidae
order(目)	ordo	-ales
suborder(亞目)	subordo	-ineae
family(科)	familia	-aceae
subfamily(亞科)	subfamilia	-oidea
tribe(族)	tribus	-eae
subtribe(亞族)	subtribus	-inae
genus(屬)	genus	-es, -us
species(種)	species	
subspecies(亞種)	subspecies	
variety(⌈種)	varietas	
individual(個體)	individuus	

2. 미생물의 분류

미생물을 동물과 식물에 속하는 미생물로 나누는 것보다는 조직분화의 정도(degree of tissue differentiation)을 기준으로 하고, 생물을 다세포로서 조직분화가 매우 발달된 동물, 식물과 단세포이거나 균계형(菌系形)인 분화를 하는 원생 생물(protists)로 분류한다.

최초로 이 분류를 제창한 학자는 에른스트 헤켈(E. H. Haeckel; 1866)이다. 따라서 미생물의 분류 체계를 정리한 [그림 1-3]과 미생물의 분류에 있어 미생물의 위치는 [그림 1-4]와 같다.

미생물 세포를 크게 나누면 원핵세포(procaryotic cell)와 진핵세포(Eukaryotic cell)로 구분할 수 있다. [표 1-2]와 [그림 1-1], [그림 1-2]는 원핵세포와 진핵세포의 차이점이다.

[표 1-2] 원핵세포와 진핵세포의 차이점

분류	원핵세포	진핵세포
소포체	−	+
엽록체	−	+
미토콘드리아	−	+
핵질(핵막)	−	+
핵소체의 존재	−	+
염색체 수	1	2개 이상
세포벽 조성	muco 복합체 함유	muco 복합체 함유 주로 cellulose, hemi-cellulose, chitin 등
미생물	세균, 방선균, 탕조류 (하등미생물)	효모, 조류, 원생동물, 사상균 등 (고등 미생물)

진핵세포는 동식물의 세포와 유사하고 진화되어 복잡한 구조를 하고 있으며, 원시핵세포는 보다 단순한 구조를 하고 있다. 진핵세포를 가진 미생물을 고등미생물, 원시핵세포를 가진 것을 하등미생물이라 한다.

균류는 점균류, 진균류로 나누며, 분열균류에는 세균, 방사선균이, 진균류에는 곰팡이와 효모, 버섯 등이 속해 있다.

사상균, 효모, 원생동물 및 남조류 이외에 조류는 고등미생물에 속하고 세균, 방사선균, 남조류는 하등미생물에 속한다. 이외에 생물과 미생물 중간에는 바이러스가 있다.

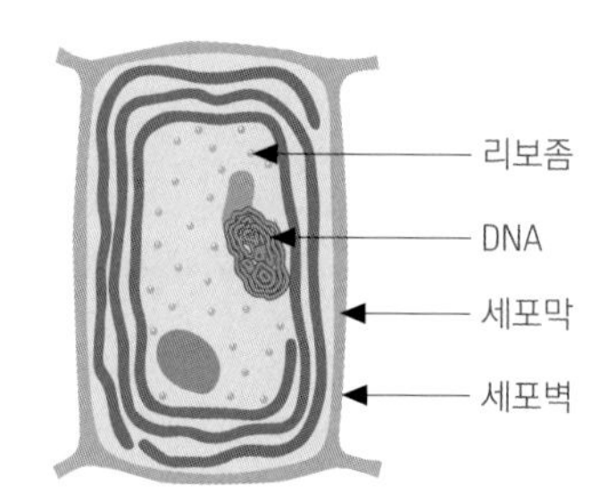

[그림 1-1] 원핵세포의 구조

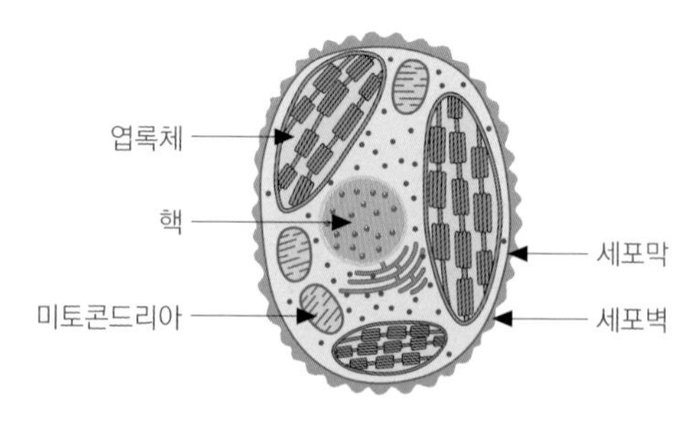

[그림 1-2] 진핵세포의 구조

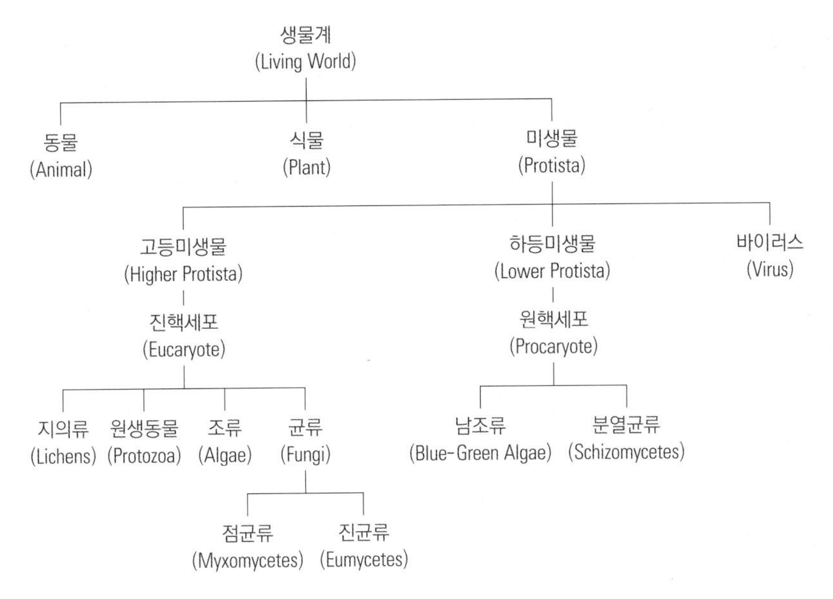

[그림 1-3] 미생물 분류표

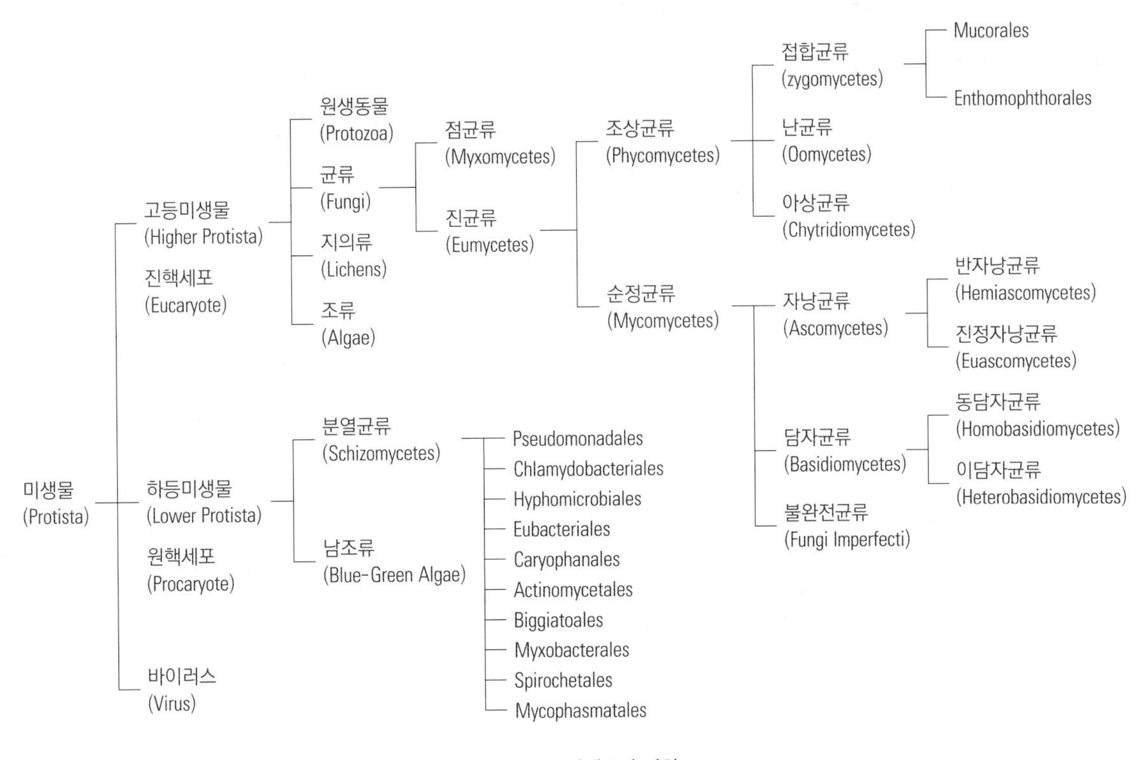

[그림 1-4] 미생물의 위치

3. 미생물의 환경조건

미생물의 증식 및 생리적 성질은 미생물을 둘러싸고 있는 환경요인에 의하여 좌우된다.

생물의 일반적인 성질과 같이 미생물에서도 그의 생활에 적당한 환경과 그렇지 못한 환경이 있다. 즉 미생물에 적당한 환경을 인공적으로 부여하므로 미생물을 유익하게 이용할 수 있다.

이와 반대로 미생물에 부적당한 환경을 부여함으로써 증식을 억제하거나 사멸시켜 살균 및 방부의 효과를 달성하게 되어 식품 등을 보전할 수 있다.

1) 물리적 요인

(1) 온도

온도는 미생물의 생육 속도, 세포의 효소 조성, 화학적 조성, 영양 요구 등에 가장 큰 영향을 미치는 환경요인이다.

일반적으로 미생물의 생육이 가능한 온도 범위는 -7~75℃로 광범위하지만, 이러한 온도에서 모든 미생물이 생육할 수 있는 것은 아니다.

미생물의 종류에 따라 요구하는 온도 범위가 다르므로 생육 가능 온도에 따라 [표 1-3]과 같이 세가지 종류로 나눌 수 있다.

[표 1-3] 미생물의 생육온도

생육온도	저온균	중온균	고온균
최저	-7~0	15	40
최적	12~18	25~37	50~60
최고	25	45~55	75

(2) 내열성

미생물의 내열성은 균종, 균주, 생육환경 등 요인에 따라 다르다.

대부분의 미생물은 저온에서는 강해서 생육최저온도 이하에서도 그 생명력을 잃지 않는다. 그러나 고온에서는 예민하여 열에 의하여 쉽게 사멸되며, 열에 의한 사멸효과는 수분의 유무에 따라 크게 다르다. 건열조건은 습열조건보다 살균효과가 떨어진다.

대부분의 병원균은 내열성이 약해 60~70℃에서 30분간 가열로 살균되는데 이 살균법을 저온살균(pasteurization)이라고 한다. 세균의 내열성은 세포와 포자의 농도가 높을수록 내열성이 커지며, 생육에 적합한 배지에서 증식한 균이 내열성이 크다. 생육촉진 물질이 다량 함유되어 있으면 내열성이 강한 세포나 포자의 생장이 증가한다.

일반적으로 121℃에서 15분 이상 가압증기 멸균하면 모든 미생물은 사멸한다.

(3) 압력

미생물은 압력에 강하므로 생육이 저해되는 일은 거의 없다. 그러나 가압 하에서 배양을 하면 세포내 원형질의 점도, 탄성 등이 변화하여 생육속도가 저해되며, 생육최적온도가 상승하여 보다 높은 온도에서 생육한다. 이것은 압력이 단백질의 열변성을 억제하는 작용을 하기 때문이다.

일반적으로 미생물은 삼투압에 영향을 받아 높은 삼투압에서는 생육하지 못한다. 미생물세포는 외부환경보다 약간 높은 삼투압을 유지하고 있기에 외

부의 삼투압이 높아지면 생육이 저해되고 세포는 탈수현상이 일어나 원형질 분리를 일으킨다.

2) 화학적 요인

(1) 수분

미생물은 수분이 전혀 없는 상태나 또는 순수한 물에서는 생육하지 못하고 적당한 수용액에서만 생육할 수 있다.

미생물의 영양세포는 75~85%의 수분으로 구성되어 있으므로 세포생육에 수분이 미치는 영향은 대단히 크다. 세포 내에서의 여러 가지 화학반응은 각 물질이 물에 녹아 있는 상태에서만 이루어지기 때문에 수분은 필수불가결한 물질이다.

미생물의 생육에 영향을 미치는 것은 미생물이 실제 이용할 수 있는 수분량, 즉 식품 중의 단백질, 탄수화물 등 유기물질과 수소결합을 하고 있는 결합수는 이용하지 못하고 열역학적으로 운동이 자유로운 자유수만을 이용할 수 있다.

이 자유수에는 각종 수용성 용질이 녹아 있는 용액상태로써 미생물이 이용할 수 있는 수분의 양을 표시하는데, 식품의 절대 수분량보다 수분활성도(water activity)를 Aw로 표시하기도 한다.

수분활성도(water activity)란 식품 중 전체 수분에 대하여 자유수가 차지하는 수분의 비율을 숫자로 표시하는 것을 말한다. 미생물은 생육에 일정한 Aw를 요구하며, 이 Aw값이 낮을수록 미생물은 생육하기에 불리하다. 수분이 많을수록 식품을 저장하는 동안 미생물에 의한 변패가 일어나기 쉽고 변패를 방지하려면 식품의 Aw를 저하시켜야 한다.

일반적으로 세균, 효모, 곰팡이 중에서 보다 낮은 Aw에서 잘 견디는 것이 곰팡이이고, 가장 약한 것은 세균이다. 부패 가능한 Aw를 보면 세균은 0.9 이상, 효모는 0.88 이상, 곰팡이는 0.80 이상이다.

(2) 산소

고등 동식물은 호흡을 하기 위하여 산소가 절대적으로 필요하지만, 미생물 중에는 산소가 없어도 생육할 수 있는 것과 산소의 존재가 유해 작용을 하여 생육이 불가능한 것도 있다.

즉, 미생물에 있어서 산소의 필요성은 에너지를 얻기 위하여 산소를 필요로 하는 것과 에너지 생성에 산소가 전연 불필요한 것이 있다.

① 편성 호기성균(obligate aerobes)

편성 호기성균은 유리산소의 공급이 없으면 생육할 수 없는 균이며, 곰팡이, 산막효모, *Acetobacter*, *Pseudomonas*, *Micrococcus*, *Bacillus*, *Sarcina*속 등이 있다.

② 편성 혐기성균(obligate anaerobes)

유리산소가 존재하지 않는 상태에서 생육이 가능한 미생물로 산소가 존재할 경우 대사로 생긴 과산화수소가 사멸작용을 하며 산화-환원전위가 상승하여 생육을 불가능하게 한다. 진흙, 늪, 하천, 바다 밑, 통조림 식품, 동물의 장관, 지하수 등에서 나타나는 미생물은 *Clostridium*속을 포함한 *Bacteroides*, *Fusobacterium*, *Ruminococcus*, *Streptococcus* 속 등이 있다.

③ 통성 혐기성균(facultative anaerobes)

유리산소의 존재 유무에 관계없이 생육이 가능한 균을 말하는데, 산소가 있을 때 생육이 잘된다. 이에 속하는 균은 장내 세균, 병원성균, 대부분의 효모와 세균 등이 있다.

④ 미호기성균(microaerophiles)

미호기성균은 적은 양의 산소를 요구하며, 산소의 양이 많아질 때 생육이 억제되는 균이다.

호기성균은 배지 표면에 생육하고 혐기성균은 배지의 심층부분에서 생육하며, 통성혐기성균은 배지의 표면과 심층부분의 구별 없이 생육하나 표면부분에서 더 많이 생육한다. [그림 1-5]는 미생물의 증식이 산소에 미치는 영향이다.

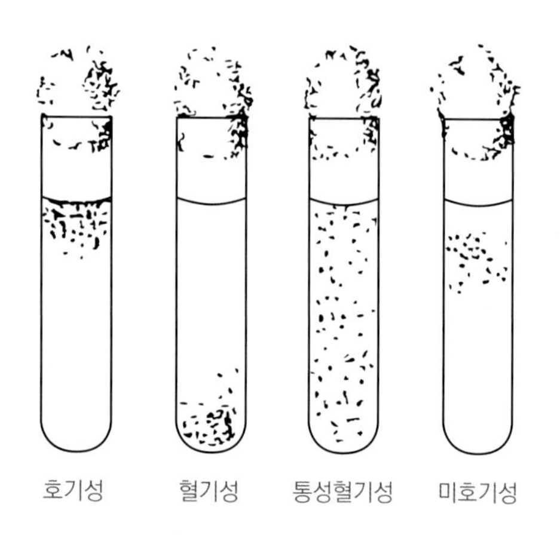

[그림 1-5] 미생물의 증식이 산소에 미치는 영향

미호기성균은 산소 농도가 약 3~15%에서 잘 자라는 균으로서 절대적인 호기성 및 절대적 혐기성 조건에서는 자라지 못한다.

이들 균은 캄필로박터(*Camphylobacter*)중에 *C. jejuni*균이 가장 많아 설사, 복통 및 발열을 증상하는 급성장염 및 식중독을 일으킨다.

(3) pH

미생물이 증식하고 세포구성성분을 합성하기 위한 적당한 pH는 그 미생물이 합성하고자 하는 물질의 대사계에 관여하는 효소의 작용에 필요한 pH의 한계를 뜻하는 것이 된다. pH 7을 중심으로 pH가 7보다 낮을 때 산성이라 하고 높을 때를 알칼리성이라고 한다. pH값은 대수적 표현이므로 pH 7은 pH 8보다 10배 더 산성화 되었다는 것을 의미한다.

미생물은 제각기 생육 가능한 pH 범위가 있는데 온도와 마찬가지로 각각 균주의 생육최저 pH와 최고 pH가 있다. 대부분의 자연환경은 pH 5~9 사이이며, 이 범위 내의 생육최적 pH를 가지는 균주들이 많다. 대부분의 효모나 곰팡이는 약산성인 pH 5.0~6.5에서 잘 생육하며, 세균과 방선균은 약알칼리성인 pH 7.5~7.8에서 생육최적 pH를 갖는다. 그러나 몇몇 세균은 매우 높은 산농도에서도 생육할 수 있다. 대사과정 중에 황산을 축적하는 Thiobacillus속은 pH 2.0~2.8의 강한 산성에서도 잘 생육한다. 미생물은 자신의 능력으로 주위환경의 pH를 변화시킬 수도 있다.

젖산균(lactic acid bacteria)은 당을 발효시켜 젖산(lactic acid)을 생성하여 pH를 약 2단위까지 낮춘다. 식품저장에 젖산이나 초산을 미생물 생육 저해물로 흔히 사용하는데 세균, 효모, 곰팡이에서 초산이 젖산보다 생육 저해작용이 강하고, 프로피온

산(propionic acid)는 초산보다 생육 저해작용이 더 강하다. 그리고 같은 pH인 경우 무기산보다 유기산이 미생물의 생육 저해작용이 더 강하다. 김치 같은 침채류나 요구르트 등은 젖산균이 생육하여 각 제품에 독특한 풍미를 부여하여 숙성시키고, 생성된 젖산에 의해 낮아진 pH 때문에 부패세균의 증식을 억제하여 보존성을 높여준다.

미생물의 생육과 마찬가지로 포자의 발아도 pH의 영향을 받는다. *Asp. oryzae*의 포자는 pH 4.5~7.5 사이에서 발아하나 pH 3.0 이하에서는 저해되고, *Bacillus*의 포자발아는 중성~약알칼리성(pH 7.0~7.5)에서 발아가 잘되나, pH 6.0 이하에서는 발아가 저해를 받는다. 세균의 영양세포와 포자는 중성~약알칼리에서 내열성이 높다. 산도나 알칼리도가 증가하면 내열성이 약해지나 특히 산성에서 내열성이 감소한다. 과일 통조림의 가열살균은 육통조림에 비하여 약한 조건으로 할 수 있는 것도 pH에 따라 균의 내열성이 다르기 때문이다.

[그림 1-6]은 pH-meter이다.

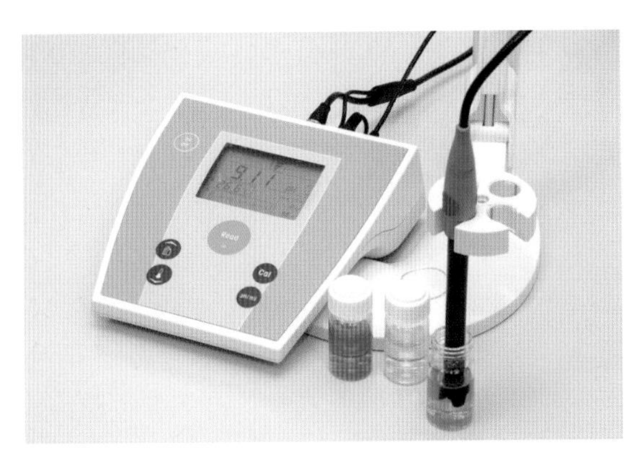

[그림 1-6] pH-meter

4. 발효와 부패

미생물의 성장과 그 미생물이 자라고 있는 배지 속의 유기물의 화학적인 변화 사이에는 어떤 상관관계가 있다는 것을 알게 되었다. 이러한 화학변화는 크게 나누어 발효(fermentation)와 부패(putrefaction)로 나눈다.

발효는 미생물이 탄수화물을 먹이로서 분해하여 사람에게 유익한 물질 즉 알코올과 유기산 같은 대사산물을 생성하는 과정이며, 부패는 주로 고기나 육즙과 같은 동물성 재료를 먹이로 미생물의 분해에 의해 사람에게 유해한 물질 즉 불쾌한 냄새 및 식중독을 일으키는 물질을 생성하는 과정이다.

[그림 1-7]과 [그림 1-8]은 발효와 부패의 예이다.

숙성(age)은 식품이 미생물, 효모, 염류에 의해 일정한 온도에서 일정기간 보관되어 좋은 맛과 향이 나는 현상을 말한다.

[그림 1-7] 발효의 예

[그림 1-8] 부패의 예

{제2절} 미생물의 증식

1. 미생물의 배지

미생물이 잘 생육할 수 있도록 최적 조건인 영양성분인 탄소원(포도당, 과당 등), 질소원(아미노산, 펩톤, 암모늄염 등), 무기염류(인, 황, 칼륨, 칼슘 등), 비타민류(비타민B_2, B_{12}, C 등) 등이 고루 함유된 영양분을 배지(medium)라 한다.

(1) 액체배지(Liquid medium)

미생물을 배양하기 위한 최적의 여러 영양분이 물에 함유된 것

(2) 고체배지(Solid medium)

미생물을 배양하기 위한 액체배지에 한천(agar)이나 젤라틴(gelatin)을 약 1~2% 정도 가해 살균한 후 식혀 응고 시킨 것

(3) 천연배지(Natural medium)

배지의 영양분이 모두 천연물에서 얻어진 것으로 화학적 조성이 분명하지 않고 복잡한 성분을 갖고 있다.

참고로 곰팡이나 효모의 분리배양에 많이 쓰이는 천연배지인 국즙배지(koji extract)와 맥아에서 추출한 맥아즙 배지(malt extract)가 있다.

(4) 합성배지(Synthetic medium)

배지의 영양성분인 탄소원, 질소원, 무기염류 등의 화학적 성분 조성이 명확하다.

참고로 곰팡이 배양에 사용하는 Czapek 배지, 효모 배양에 사용하는 Hayduck 배지, 세균배양에 사용하는 Uschinsky 배지에 생물체를 배양하여 종균(starter strain)의 보존, 생태관찰 및 생리적 성질을 연구하는데 활용하고 있다.

[표 2-1]은 합성배지의 조성이다.

[표 2-1] 합성배지의 조성

Czapek 배지		Uschinsky 배지	
Sucrose	30g	Glycerin	30~40g
$NaNO_3$	2g	Asparagine	3~4g
K_2HPO_4	1g	K_2HPO_4	1~2.5g
$MgSO_4 7H_2O$	0.5g	$MgSO_4$	0.2~0.4g
KCl	0.5g	$CaCl_2$	0.1g
H_2O	1 ℓ	H_2O, 증류수	1 ℓ

(5) 사면배양(Slant culture)

미생물의 영양분과 한천(또는 젤라틴)등을 시험관에 넣고 가열하여 살균한 후 비스듬히 시험관을 기울여 굳힌 고체배지에 세균, 효모, 곰팡이 등을 배양하는 것이다.

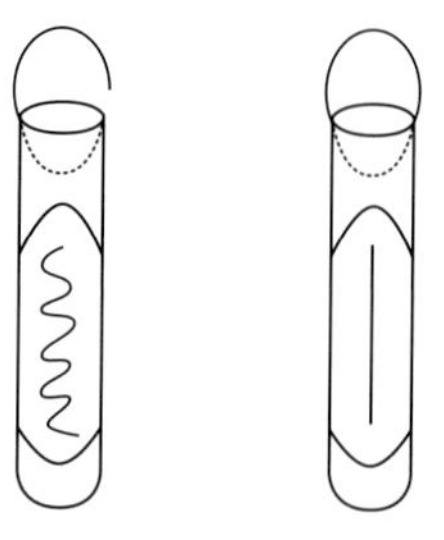

[그림 2-1] 사면배양

(6) 천자배양(Stab culture)

시험관에 미생물 영양분과 한천 등을 넣고 살균 후 직선으로 세워 굳힌 고체배지에 백금선으로 미생물을 접촉시킨 후 표면 중앙부 위에서 밑 부분으로 접종하여 혐기성 세균 배양에 이용한다.

[그림 2-2]는 한천 배지에서의 천자배양이다.

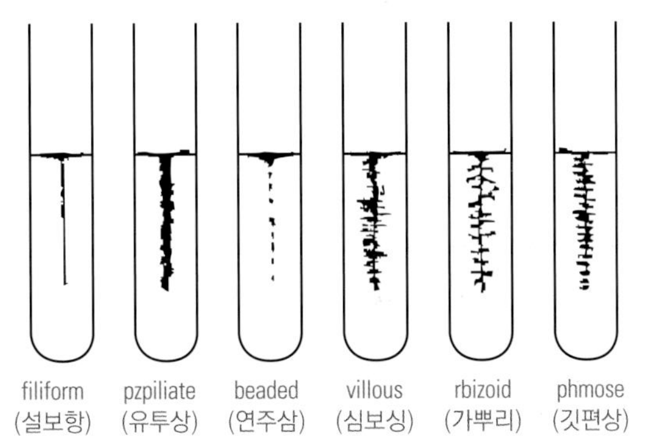

[그림 2-2] 한천 배지(각종 생육형)에서의 천자배양

(7) 정치배양(Stationary culture)

미생물 등의 배양에 있어 움직이지 않는 상태로 이루어지는 배양이다. 주로 액체배지에서 실시하며, 유산이나 시트르산을 제조할 때 이용된다. 산소가 존재하지 않는 상태에서 잘 증식하는 미생물을 배양 시 사용한다.

(8) 진탕배양(Shaking culture)

호기성균을 배양할 때 많이 사용되는 방법으로 미생물을 액체배양을 할 때 정지하지 않고 일정한 속도로 진탕시켜서 필요한 산소를 다량 공급시켜 주는 방법이다.

진탕기는 왕복식 진탕기(reciprocal shaker, 120~140회/min) 및 회전식 진탕기(Rotary shaker, 150~300rpm) 등이 이용된다.

회전식 진탕기는 [그림 2-3]과 같다.

[그림 2-3] 회전식 진탕기

(9) Jar-fermentor에 의한 배양

호기성균을 대량으로 배양할 때 이용되는 Jar-fermentor는 무균 상태의 공기를 일정하게 주입할 수 있으며, pH조절장치, 용존산소(DO)측정기, 교반장치 등이 부착되어 있다.

탱크 배양기 크기는 1*l*의 소규모부터 크기가 큰 200ton까지 다양한 용량으로 stainless steel로 되어 있다.

미생물의 균체생산 및 항생물질의 제조, 각종 아미노산 발효에 사용된다.

Jar-fermentor는 다음 페이지에 있는 [그림 2-4]와 같다.

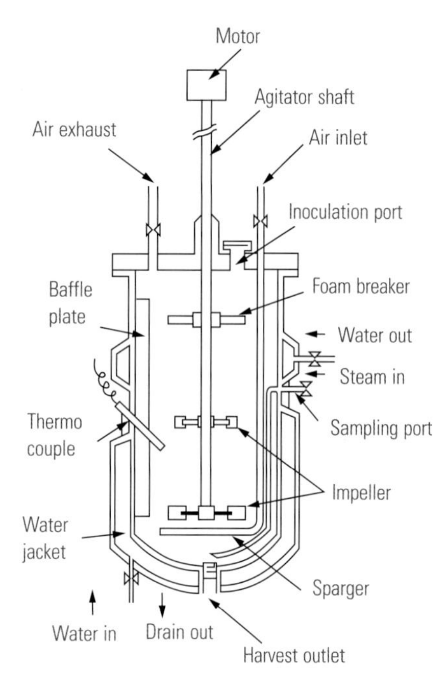

[그림 2-4] Jar-fermentor

2. 미생물의 영향(Microbial nutrition)

미생물을 생육하기 위해서 세포구성물질의 합성과 에너지 발생에 필요한 모든 물질을 주위환경으로부터 얻어야 하는데, 이들 물질들을 영양소(nutrients)라고 한다.

미생물은 그들의 특이한 생리적 성질이 다양하기 때문에 특별한 영양이 필요한 것이 많다.

(1) 탄소원

세균, 효모, 곰팡이 등에 의해서 가장 잘 이용되는 탄소원으로서는 glucose, fructose 등의 단당류와 sucrose, maltose 등의 2당류이며, 미생물의 종류에 따라 다르지만 대부분 탄수화물이 탄소원으로 이용된다. 광합성이나 화학합성을 하는 미생물이 CO_2를 탄소원으로 하여 유기세포성분으로 만들 수 있지만, 모든 다른 미생물은 에너지원 및 세포구성물질원으로서 유기탄소원을 이용한다.

(2) 질소원

질소원은 미생물균체의 단백질, 핵산 등의 합성에 필요한데 *Azotobacter*속, *Rhizobium*속 등의 질소고정균과 일부의 광합성균 등의 세균류에서는 공기 중의 N_2를 질소원으로 이용할 수 있으나, 대부분의 미생물은 무기 또는 유기태의 질소 화합물을 배지 중에 첨가해야 한다.

무기태질소원으로서 암모늄염은 대장균, 고초균, 효모, 곰팡이 등에 의해서 잘 이용되며, 질산염과 아질산염도 곰팡이나 질산균(*Nitrococcus*속) 등에 의해서 이용된다. 유기태질소원으로서 아미노산, 펩톤 등이 사용되며, 이들은 동시에 탄소원과 에너지원으로서의 역할도 한다.

(3) 무기염류

무기염류는 미생물 세포의 구성성분, 대사의 촉매와 세포 내 삼투압의 조절에 필수적인 것인데 P, Mg, K, S 등과 같이 비교적 대량으로 필요로 하는 것과 Ca, Mn, Fe, Zn, Cu 등과 같이 극히 미량으로 필요로 하는 것이 있다.

K는 단백질 합성에 관여하는 어떤 효소가 활성화하는 데 필요하며, 균 내의 삼투압과 pH를 조절하는 중요한 역할을 한다.

Mg는 리보솜(ribosome), 세포막, 핵산 등을 안정화시키고 인산 전이효소의 cofactor로서 작용하며, 엽록소의 구성성분 등으로 생육 시 다량으로 필요한데, 그람양성균은 그람음성균보다 약 10배 정도 더 요구된다.

Ca은 아포의 내열성에 중요한 역할을 하며, 유기산을 중화시키는 작용과 효소를 활성화시키는 인자이기도 하다.

Fe은 호흡계의 시토크롬(cytochrome), 카타라아제(catalase), 페록시디아제(peroxidase) 등의 구성성분이며, 산화-환원 반응과정의 전자전달계에 필수적인 성분 중의 하나이다.

미량원소는 조효소나 보조인자(cofactor) 역할을 하는데, Zn은 어떤 효소의 구성성분이고, Cu는 어떤 산화-환원효소의 구성성분이 되며, Mn은 여러 효소의 활성에 관여한다.

3. 미생물 증식곡선

일정한 배양 조건하에서 균을 접종하여 배양하면 배양액중의 생균수의 대수값과 배양시간 사이에는 증식곡선을 나타낸다.

(1) 유도기(Lag phase)

새로운 배지에 균을 접종 배양하면 균수가 급격하게 증가하지 않는다. 증식을 위한 준비 적응시간이 필요한데 이를 유도기라고 한다. 세포가 새로운 생육환경에서 증식하는 데 필요한 각종 효소 단백질을 합성하는 시기를 말한다.

(2) 대수기(Logarthmic phase)

세포수가 급격히 증가하는 시기를 대수기라고 하며, 증식곡선이 직선에 가깝게 된다. 이때는 영양소가 급격히 감소하고, 대사산물은 증가하며, 세대 시간도 가장 짧고 일정해진다.

(3) 정상기(Stationary phase)

정상기에는 세포수가 증가 없이 거의 일정하고 배양기간 중 세포수가 최대에 도달하는 시기이다. 이 시기에는 영양물질이 고갈되고 대사산물이 축적되며, pH가 변화된다.

(4) 사멸기(Death phase)

세포의 증식속도보다 사멸속도가 급격히 빨라져 생균수가 감소하는 시기를 사멸기라고 한다. 미생물의 증식이 정지되면, 효소에 의한 세포구조의 파괴와 효소단백질의 변성에 의하여 활성을 잃어 세포가 사멸한다. 사멸세포는 이들 효소에 의해 자기소화를 일으켜 용해된다.

미생물의 증식 곡선은 [그림 2-5]와 같다.

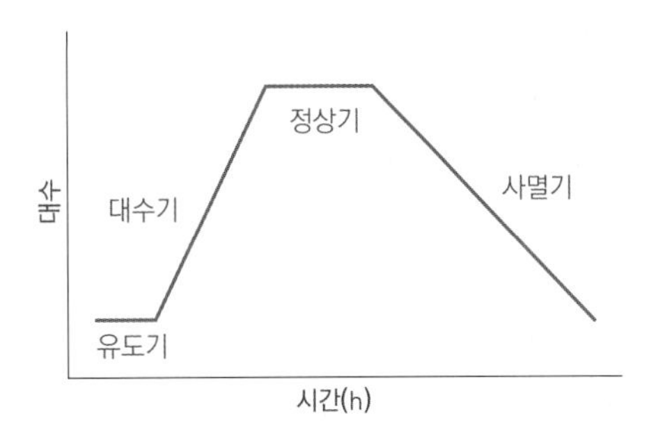

[그림 2-5] 증식 곡선

4. 생균수 측정

생균수 측정 샘플을 10^{-3}~10^{-5} 정도 희석한 시료의 균현탁액을 미리 가열 용해하여 42℃ 정도로 냉각시킨 한천 배지에 가하여 평판 배양하여 생긴 집락(colony) 수로 생균수(visible cell number)를 측정하는 방법이다.

한 개의 집락이 한 개의 세포로 부터 형성된다는 것을 기본으로 하여 집락수를 헤아려 시료 중의 생균농도를 측정한다.

이 페트리접시(petri dish)를 이용한 평판법(pour plate counting method)은 가장 일반적인 방법이나 결과를 얻기까지는 시간이 걸린다는 결점이 있다. 혐기성균인 경우, 혐기적인 환경하에서 배양하여 생균수를 측정하여야 한다.

이외에도 시판용 세균측정기를 이용한 방법과 눈금이 있는 모세관을 이용한 모세관법(毛細管法, capillary tube method)을 이용하는 경우도 있다.

이들 방법에서 사용하는 배지 조성에 따라 생육치 못하는 균이 있으므로 적절한 배지를 선택하여야 한다.

[그림 2-6]은 희석평판 배양법의 순서를 보여주고 있다.

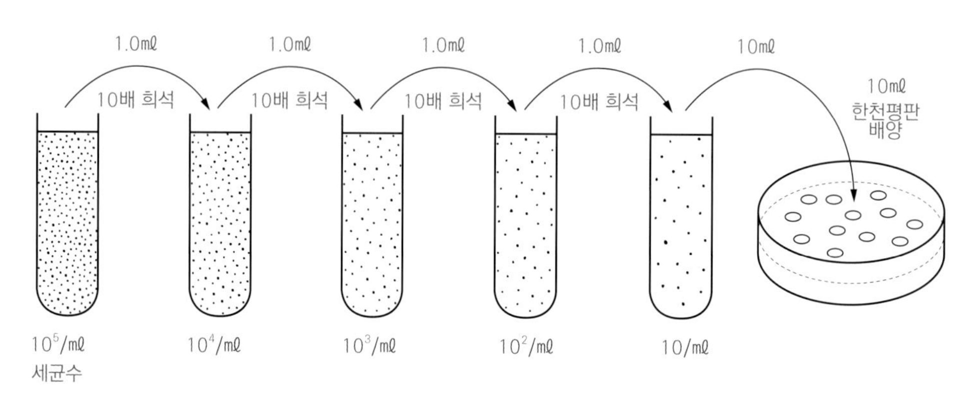

[그림 2-6] 희석평판 배양법의 순서

{제3절} 발효(Fermentation)

유기물이 미생물에 의해 분해 및 변화되어 우리 인간에게 유용한 물질을 생성하는 과정을 발효라 할 수 있다. 그 예로는 알코올 발효, 글리세린발효, 젖산발효, 유기산, 아미노산발효, 핵산발효, 아세트산발효, 항생물질 등 광범위하게 활용되고 있다.

1. 유기산 발효(Organic acid fermentation)

미생물에 의하여 발효 생산되는 유기산의 수는 현재 60여종 있으나, 그 수는 점차 증가하고 있다. 미생물 발효에 의해 생성되는 유기산은 젖산(lactic acid), 구연산(citric acid), 초산(acetic acid), 글루콘산(gluconic acid) 주석산(tartaric acid), 사과산(malic acid), 호박산(succinic acid) 등이 있다.

이들 유기산은 [표 3-1]과 같다.

[표 3-1] 미생물에 의해 생산되는 주요 유기산

유기산	생산균	기질	수율(%)	발표년도
초산	*Acetobacter aceti*	ethanol	95	1879
프로피온산	*Propionibact. shermanii* *Propionibact. thenicum*	glucose starch	60	1906
젖산	*Lactobacillus delbruckii*	glucose	90	1896
L-젖산	*Rhizopus oryzae*	glucose	70	1925, 1936
구연산	*Aspergillus niger* *Candida lipolytica*	glucose sucrose starch n-paraffin	80 85 140	1917 1969
farmaric acid	*Rhizopus delemar*	glucose	60	1911
주석산	*Gluconobacter suboxydans* *Achromobacter tartarogenes*	glucose cis-epoxy succinate	30 108	1972 1975
이타콘산	*Aspergillus terreus*	glucose sucrose	60	1929
아로이소구연산	*Penicillium purpurogenum*	glucose	40	1957
클루콘산	*Aspergillus niger*	glucose	95	1922
2-keto 클루콘산	*Pseudomonas fluorescens*	glucose	90	1941
5-keto 클루콘산	*Gluconobacter suboxydans*	glucose	90	1980
국산	*Aspergillus flavus*	glucose	50	1907
사과산	*Lactobacillus brevis*	fumaric acid	100	1959

양질의 분해 경로로 알려진 해당 경로(Embden-Meyerhof-Parnas pathway), TCA Cycle (tricarboxylic acid Cycle)에 관련된 유기산의 대부분을 포함하고 젖산, 구연산, 숙신산, 푸마르산, 이타콘산 등의 대량 생산이 가능하다.

1) 젖산 발효(Lactic acid fermentation)

젖산을 생성하는 능력을 가진 *Rhizopus*속의 곰팡이의 일부와 세균군인 고온 간균으로서 *Lactobacillus delbrückii*, *Lactobacillus bulgaricus*가 있다.

젖산균에는 Homo형 젖산 발효와 Hetero형 젖산 발효를 하는 것이 있다.

(1) 정상 젖산 발효(Homo lactic acid fermentation)

$$C_6H_{12}O_6 \longrightarrow 2CH_3CHOHCOOH$$

포도당 → 젖산

정상 젖산 발효에 많이 이용되는 *Lactobacillus delbrüeckii*, 우유 중에는 *streptococcus lactis*, 요구르트(youhurt) 제조에 쓰이는 *L. acidophilus*와 *L. bulgaricus* 등과 같은 정상 발효균에 의하여 대당(對當) 100%의 이론수율이 되는 발효 형식이다.

젖산 발효는 당을 무산소적으로 분해하여 젖산을 생성하는 발효로서 락트산 발효, 유산 발효라고도 한다.

발효 온도는 비교적 높으며, *L. delbrüeckii*균은 45℃ 또는 그 이상에서 *L. bulgaricus*균은 45~50℃에서 발효시킨다.

(2) 이상 젖산 발효(Hetero lactic fermentation)

이상 젖산 발효에 이용되는 세균류는 *L. fermentum*, *L. breuis*, *Leuconostoc mesenteroides*, *Leuc. dextranicum*와 같이 젖산과 에탄올, CO_2 등을 생산하며, 젖산의 이론수율은 대당 50%가 된다.

$$C_6H_{12}O_6 \longrightarrow CH_3CHOHCOOH + C_2H_5OH + CO_2$$

포도당 → 젖산 + 에탄올

*Escherichia coli*와 같은 가성 젖산균은 젖산 외에 초산, 에탄올, CO_2, H_2 등을 부생한다.

$$2C_6H_{12}O_6 + H_2O \longrightarrow 2CH_3CHOHCOOH + CH_3COOH + C_2H_5OH + 2CO_2 + 2H_2$$

포도당 → 젖산 + 초산 + 에탄올

(3) 배양 환경

젖산균을 사용할 때는 배지중의 당 농도를 약 15%로 하여 무기염 및 탄산칼슘을 첨가하여 pH 5.5~6.0으로 조정하고 젖산균을 접종하여 배양한다. 발효온도는 45~50℃ 부근으로 하며 대체로 소비당의 80~90%의 젖산을 얻게 된다.

2) 초산 발효(Acetic acid fermentation)

Ethanol을 산화 발효하여 초산(acetic acid)을 생성하는 세균인 초산균은 *Acetobacter schutzenbachii*, *Acetobacter curvum* 등이 있다. 액체배양 시 피막을 만들고 ethanol을 산화하여 초산을 만드는 것과 포도당으로부터 gluconic acid를 만드는 것이 있다.

초산 생성력이 강하고 주모(peritrichous flagella)를 갖고 있는 균은 *Acetobacter*속이고, 극모(polar flagella)를 갖고 있는 균은 초산 생성력이 약하며, 포도당을 산화하여 gluconic acid를 만드는 능력이 강한 균은 *Gluconobacter*속으로 분류한다.

초산 발효는 산화 발효로서 발효 과정에 많은 산소가 필요하여 ethanol 1*l*를 발효하는 데 $8m^3$의 공기가 필요하다.

$$\underset{\text{에탄올}}{C_2H_5OH} \xrightarrow{\text{산화}} \underset{\text{초산}}{CH_3COOH} + H_2$$

초산은 자극적인 냄새가 있는 액체 상태이다. 각종발효로 생산되지만 주로 에탄올의 호기적 상태에서 산화되어 아세트산 발효로 얻어진다. 화학적으로는 에탄올의 산화 또는 아세틸렌에서 아세트알데히드를 거쳐 합성된다. 활성화 효소에 의하여 아세틸 CoA가 되어 대사된다. 초산은 수분이 적은 것은 16℃이하에서 빙결하므로 빙초산이라고 부른다.

식초는 알칼리성 식품으로서 다량의 유기산이 함유되어 있으며, 사람에게 항산화 효과, 피로회복, 혈액순환을 좋게 하며, 특히 간암에도 효과가 있는 것으로 보고되고 있다.

3) 구연산 발효(Citric acid fermentation)

발효에 의한 구연산의 생산은 1893년 Wehmer에 의하여 *penicillium*속으로 시도하였으나 발효기간이 길고 잡균에 오염가능성이 있으며, 균의 퇴화가 일어난다는 것을 알게 되었다. 그 후 1923년 pfizer사에서 *Aspergillus niger*를 이용하여 15%의 당을 함유한 무기영양결핍 저산도배지에서 구연산을 생산하여 구연산의 공업적 생산이 가능하게 되었으며, 값도 싸지게 되었다. 구연산 생산 균으로는 *penicillium*속의 곰팡이인 *P. purpurogenum*, 기타 *Aspergillus niger*, *A. uentii*, *A. saitoi* 등이 있다. 이와 같은 구연산을 생산하는 미생물의 시트르산 회로의 과정에서 당질의 화학적 분해에 의해 생긴 피루브산(Pyruvic acid)의 일부는 아세틸 CoA에 다른 일부는 CO_2와 결합하여 옥살로아세트산(oxaloacetic acid)이 된다. 시트르산(citric acid)을 생성하는 효소의 작용에 의해 시트르산이 만들어진다(34쪽 [그림 3-10] TCA 회로 참고).

구연산 생산균은 주로 낮은 pH 3 이하에서 호기적 상태에서 발효되며, 최적 pH는 1.7~2.0이다.

4) 글루콘산 발효(Gluconic acid fermentation)

Aspergillus niger의 미생물이 포도당(glucose)을 산화하여 글루콘산(gluconic acid)를 생성하는 산화발효를 글루콘산(gluconic acid) 발효라 한다.

$$\underset{\text{포도당}}{C_6H_{12}O_6} \xrightarrow[\text{oxidase}]{-2H} \underset{\text{글루코노-δ-락톤}}{C_6H_{10}O_6} \xrightarrow{HO_2} \underset{\text{글루콘산}}{C_6H_{12}O_7}$$

글루콘산은 *Asp. niger*에 의하여 대부분 생산하며, *penicillium chrysogenum*, *Acetobacten suboxydans* 등도 생산한다.

*Asp. niger*를 이용하여 생산하는 경우 40℃로 호기성 상태에서 발효한다. pH는 6.0~6.5 유지하는 경우 약 34℃에서 발효시킨다.

5) 주석산 발효(Tartaric acid fermentation)

주석산은 과실에 존재하며 자연계에 널리 분포되어 있다. 특히 과일 속에 주석산, 구연산, 사과산 등과 같은 유기산이 있어 와인의 신맛을 결정한다. 주석산 생산에 이용되는 미생물은 *Acinetobacter*속, *Agrobacterium*속, *Rhizobium*속, *pseudo-monas*속이다. 화학 분자식은 $C_4H_6O_6$이다.

발효온도는 약 30℃로 유지하여 호기성 상태에서 발효시킨다.

주석산은 본래 떫은맛을 띤 신맛을 간직하고 있어 나트륨(Na)형은 Na 때문에 짠맛을 가지고 있다. 따라서 주석산나트륨은 주석산을 산미료로 사용하는 경우에 주로 첨가하며, 이와 같이 병용하면 주석산의 신맛이 완화되고 은근한 맛이 난다. 공업적으로는 산미 완충제로서 주석산이 청량음료수(0.1~0.2%)나 청주에 사용되고 있다.

6) 사과산 발효(Malic acid fermentation)

사과산은 산미료로서 각종 주스, 유산균 음료, 과일우유, 콜라, 빙과, 잼, 케첩, 소스, 식초, 마요네즈, 기타 절임류 등에 사용된다. 따라서 이 사과산은 식품 중에서 천연 주스의 색조 유지, 마요네즈의 유화안정, pH 조정제 역할을 한다. 백색의 결정 분말로 무취나 약간 특이한 냄새가 나고, 기분 좋은 청량한 산미를 느끼게 한다. 사과산 생산 미생물은 *Paracolobacterium aerogenoides*, *Lactobacillus brevis* 등이 있다. 화학 분자식은 $C_4H_6O_5$이다.

발효 온도는 약 30℃, pH 7에서 호기적 상태에서 발효시킨다.

7) 호박산 발효(Succinic acid fermentation)

호박산은 청주, 된장, 간장, 정미료, 청량음료, 제과 등에 사용하는데 무색의 결정, 백색의 결정성 분말로 무취, 특이한 산미 때문에 식품에 사용한다.

처음에 호박의 건류에 의하여 얻어졌기 때문에 호박산이라 불리게 되었다.

조개나 사과, 청주 등에도 함유되어 있으며, 시원한 감칠맛을 가진 유기산, 글루탐산나트륨과 혼합하여 조미료로 사용한다.

화학식은 $C_4H_6O_4$이고, 호박산 발효, 글루탐산(glutamic acid) 발효가 함께 일어난다.

호박산은 퓨마산(fumaric acid)의 환원에 의해서 생성되는 것이 증명되어 있으며, 호박산, 유기산의 생합성 경로는 [그림 3-1]과 같다.

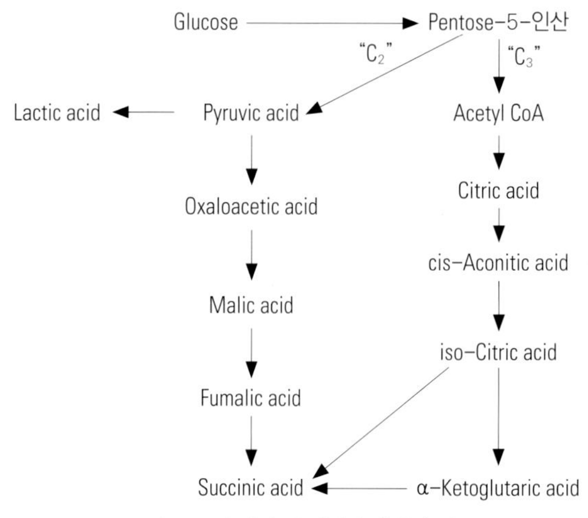

[그림 3-1] 호박산, 유기산의 생합성 경로

2. 알코올 발효(Alcohol fermentation)

미생물에 의한 가공은 전혀 다른 화학적 성분 변화 형태의 식품이거나 쉽게 소화되도록 여러 가지 형태로 활용되고 있다. 식품 가공에서 가장 많이 활용하는 분야가 양조와 발효 식품이다.

미생물은 탄수화물을 먹이로 하여 효모균에 의한 alcohol 생산, *clostridium acetobatylicum* 등에 의한 acetone-butanol, acetone-ethanol의 생산, *Acetobacter*, *Pseudomenas*속 등에 의한 초산(acetic acid)의 생산, *Lactobacillus delbrückii* 등에 의한 젖산의 생산, *Aspergillus niger* 등에 의한 gluconic acid의 생산, *Asp. niger*에 의한 glucose가 citric acid의 생산, 기타 미생물에 의한 의약품, 아미노산류 생산, 비타민류 생산 등 광범위하게 활용되고 있다.

1) 알코올 발효의 원리

효모(yeast)의 알코올 발효(alcohol fermentation)는 당(glucose)으로부터 EMP 경로를 거쳐 생성된 피루브산(pyruvic acid)이 CO_2의 이탈로 아세트알데하이드(acetaldehyde)로 되고 다시 환원되어 에틸알코올(ethyl alcohol)을 생성하게 된다(33쪽 [그림 3-9] 해당 과정의 경로 참고).

Yeast에 의한 당(glucose)의 알코올 발효 이론식은 아래와 같으며, Gay-Lusace의 식이라고 한다.

$$\underset{\text{glucose}}{C_6H_{12}O_6} \rightarrow \underset{\text{ethylalcohol}}{2C_2H_5OH} + 2CO_2$$

그러나 전분(starch)의 경우는 다소 복잡한 전분이 당으로 분해되는 과정을 거쳐야 하므로 아래와 같다.

$$\underset{\text{starch}}{(C_6H_{12}O_6)_n} + nH_2O \rightarrow \underset{\text{glucose}}{nC_6H_{12}O_6}$$

$$\rightarrow \underset{\text{ethylacohol}}{2nC_2H_5OH} + 2nCO_2$$

Glucose 이외에 fructose, mannose 등은 잘 발효되며, maltose, sucrose와 같은 2당류도 많은 효모에 의하여 쉽게 발효된다.

2) 알코올 발효의 원료

알코올 발효의 원료로는 당밀, 전분, 섬유질 등 그대로는 효모(yeast)가 이용할 수 없는 다당류를 함유하는 것들이 이용되고 있다.

(1) 당밀 원료

설탕을 제조할 때 더 이상 설탕을 회수하기 어려운 부산물을 당밀이라 한다. 이 당밀은 아직도 상당량의 당분을 함유하고 있어 알코올 발효에 가장 적당한 원료이다. 당밀은 사탕수수 당밀(cone molasses)과 사탕무 당밀(beet molasses)이 있으며, 정제당 제조과정에서 얻어지는 정제당 당밀(refinery molasses)과 전분당화액(starch saccharication)에서 결정포도당을 제조하고 남은 폐액인 히드로졸(hydrosol)을 사용하기도 한다.

당밀의 성분은 설탕제조원료, 설탕제조공정, 산지에 따라 차이가 있으며, 사탕수수 당밀과 사탕무 당

밀의 성분조성은 [표 3-2]와 같다.

당밀에는 회분이 많고 그 대부분은 k와 Ca이며, 증류과정에서 탑내의 s cale 부착의 원인이 된다.

(2) 전분질 원료

전분 원료로는 곡류와 서류가 있으며, 곡류에는 쌀, 보리, 밀, 귀리, 옥수수, 조 등이 있으나, 우리나라에서는 저장이나 수송 중 변질된 쌀, 밀, 보리, 옥수수와 과잉 생산된 보리 등이 사용된다. 서류로는 고구마, 감자, 돼지감자(뚱단지) 등이 있으며, 카사바(cassava)의 가공품인 tapioca가 다량 수입되어 사용된다. 고구마는 우리나라 알코올 원료로서 가장 많이 사용되며, 타피오카(Tapioca)는 인도, 말레이시아, 스리랑카, 인도네시아, 타일랜드 등 아시아 국가와 브라질 등에서 재배되는 아주 좋은 알코올 발효 전분원료이다. 타피오카와 그 가공품들의 성분은 [표 3-3]과 같다.

(3) 섬유질 원료

섬유질 자원으로서는 목재와 농산물과 함께 얻어지는 짚, 겨, 고구마 넝쿨이 있으며, 이들 섬유소는 알코올 발효가 되기 위하여 당화를 하지 않으면 안된다. 당화가 상당히 힘들기 때문이다. 톱밥이나 나무 조각을 고압 하에서 강산으로 당화하여 목재당화액을 발효원료로 사용하고 있으나, 우리나라에선 경제성이 없어 이용치 않고 있다.

3) 알코올 효모(Yeast) 배양

일반적으로 알코올 발효에 사용되는 효모균은 *saccharomyces formosensis*와 *saccharomyces robustus*이다.

(1) 국(Koji)

국은 형태에 따라 고체국과 액체국이 있으며, 고체국은 국균(koji mold, *Aspergillus*속)을 번식시킨

[표 3-2] 당밀의 성분 조성

당밀	비중	Brix	수분(%)	자당(%)	전화당(%)	전당(%)
사탕수수 당밀	1.41~1.42	80~83	25~40	15~25	5~30	55~58
사탕무 당밀	1.41~1.42	80~83	35~45	35~45	5~20	48~53

[표 3-3] 타피오카와 그 가공품들의 성분

타피오카	수분	전분	단백질	지방	섬유	회분
타피오카 뿌리	65	32	0.8~1.0	0.2~0.5	0.8	0.3~0.5
타피오카 칩	13	72	–	0.4	2~4	1.8~2.0
타피오카 펄	13~14	70	–	–	4~5	2.0~3.0

재료에 따라 미국, 맥국, 대두국, 피국으로 불리나, 알코올 발효에는 밀거울과 왕겨에 종국을 접종하여 피국법이 가장 오래된 방법이다.

피국은 밀거울과 왕겨를 6:4로 혼합하여 30~40%의 물을 가한 후 살균하고 2~3시간 방치하여 수분을 고루 흡수시킨 다음 증식시킨다. 발효온도는 28~30℃, pH 4.0~4.5로 조절하여 *Aspergillus shirousamii*를 0.1~0.2% 접종 후 배양한다.

(2) **주모**(Seed mash)

주모는 술덧을 발효시키기 위해서 효모를 배양한 것을 말하며, 술밑이라고도 한다.

주모의 제조는 술덧에 피국을 첨가하여 충분히 당화시킨 후 묽은 염산을 가하여 pH 4.0~4.5로 조절하고 121℃에서 가압살균한 후 주모 탱크에 옮겨 삼각플라스크에 배양한 효모를 접종하고, 48시간 통기 배양하여 주모로 사용한다. 효모의 균종은 거의 *saccharomyces cerevisiae*균에 해당된다.

(3) **누룩**

술을 제조 시 사용되는 누룩은 효소 및 효모를 갖는 곰팡이를 곡류에 번식시킨 것이다. 누룩은 전분의 당화력과 단백질 분해력을 가진다. 누룩곰팡이는 빛깔에 따라 황국균, 흑국균, 홍국균 등이 있는데 막걸리나 약주에 쓰이는 것은 주로 황국균이다.

보리누룩(맥국)은 보리 껍질을 벗기지 말고 물에 씻어 햇빛에 말린 후 매에 갈아 보리뜨물에 반죽한 후 덩어리를 만들어 통풍이 잘되는 곳에 달아매어 황국균이 생기게 한다.

[그림 3-2] 누룩

(4) **밀누룩**(소맥국)

밀을 선별하여 세척하고 건조시킨 후 매에 갈아서 밀뜨물에 반죽하여 원판 또는 네모판살으로 성형하고 볏짚으로 동여매어 통상이 잘되는 곳에 달아 누룩곰팡이가 뜨기를 기다린다.

황국균은 *Aspergillus oryzae*균이 자라고, 백국균은 *Asp. nigar, mut. kawachiei* 등이 자라서 누룩의 색을 좌우한다. 이때 누룩의 품온은 30~35℃가 적당하나 품온 관리가 적당하지 못하면 *Mucor*속과 *Rhizopus*속의 곰팡이가 번식하며, 곡자의 색이 검어지거나 흑색 반점이 생기고 곡자의 내부가 흑갈색으로 변패한다.

누룩의 전표면에는 접종한 황국균이나 백국균의 균사가 균일하게 발육하여 담황색을 띠고 속까지 황백색 또는 회백색으로 균사가 충분히 번식되어 있고, 누룩 특유의 고수한 향취가 나는 것이 좋다.

누룩의 단면이 회갈색이나 흑갈색을 띠고 메주 냄새가 나는 것은 *Bacillus subtilis*(고초균) 등의 세균이 많이 번식한 것으로 좋지 않다.

4) 주류의 종류

(1) 탁주

탁주는 일반적으로 알코올 성분이 6~8%로써 적은편이며, 빛깔이 탁한 술이다. 빛깔이 희다고 하여 백주, 막 거른 술이라 하여 막걸리, 집마다 담그는 술이라 하여 가주라 한다.

약주와 탁주의 구별은 술을 빚는 재료에 의한 것이 아니라 단지 술을 거르는 것에 따라서 체에 거르지 않고, 그대로 빚는 술을 이화주, 사절주 등이 있고 체에 걸러내는 것에는 합주, 막걸리가 있으며, 술지게미를 재탕하여 만드는 것에는 모주가 있다.

탁주 제조법 중 가장 대표적인 방법은 쌀, 누룩, 물 등으로 술밑을 만들어 10일 정도 온도 20~25℃에서 유지하여 발효시킨다.

탁주는 신맛, 단맛, 떫은맛이 잘 어울리고, 적당한 감칠맛과 청량감이 있으며, 다른 술에 비하여 열량과 단백질의 양이 많은 것이 특징이다.

또한 약주는 알코올 농도가 10~13% 정도이며, 탁주와 같이 각종 아미노산과 비타민 등의 미량 성분을 함유하고 있으며, 약주 특유의 향미를 갖는다.

[그림 3-3] 탁주

약주의 유래는 여러 가지 설이 있다. "약효가 있는 술", "처음부터 약재를 넣고 빚은 술", 조선시대 때 가뭄으로 인한 곡식 부족으로 금주령이 내려졌으나, 특전층의 금주령을 어기고 술을 마시려는 핑계로 약으로 술을 마신다고 약주라는 말을 사용하였다.

(2) 청주

청주는 청주국에 사용하는 곰팡이, 청주 발효에 청주 효모, 그리고 청주 주모의 유산균 등이 활용되며, 당화와 발효가 동시에 행하는 것이 특징이다.

발효가 종료된 숙성 술덧 중의 알코올 성분이 최고 20%라는 고농도로 함유되어 있으며, 시판용은 알코올 성분이 16%이다. 우리나라에는 탁주에 비하여 비교적 맑게 걸러낸 술을 청주라 한다.

일제 강점기엔 일본인들이 우리나라의 탁주나 맑은 술인 약주는 조선주라 따로 이름하고, 일본의 맑은 술 즉 정종을 청주라 하였다. 사케가 청주라는 인식에 비해 전통주를 약주라고 하는 인식이 있다. 우리나라에는 아직도 "약주는 있어도 청주는 없다"는 인식이 크다. 그 이유는 사케를 청주라고 여기는 우리의 인식이 아직도 남아 있기 때문이다.

청주의 주원료로 쌀을 사용하며, 국균인 *Aspergillus oryzae*와 효모균인 *Saccharomyces cerevisiee*, *Saccharomyces sake*이 관여하며, 당화와 발효가 동시에 일어나는 것이 특징이다. 주모의 유산균은 연쇄쌍구균으로는 *Leuconostoc mesenteroides*, 단간균으로는 *Lactobacillus sake* 등이 존재한다. 발효온도는 보통 20℃ 이하로 내려가지 않도록 주의한다.

탁주와 청주는 제조방법이 유사하나 차이점은 청주는 단일종의 국을 당화제로 사용하는 데 반해 탁주는 입국, 누룩, 분국 등을 병용하여 사용하여 당화시키는 점이다.

청주는 종국균으로 *Asp. orzae*를 사용하나, 탁주의 입국은 *Asp. kawaohii*를 사용한다.

그리고 누룩에는 *Aspergillus*속, *Rhizopus*속, *Absidia*속, *Mucor*속, *penicillilum*속, *Monascus*속 등의 곰팡이와 *Saccharomyces coreanus*와 같은 효모가 증식되어 있어 당화와 발효력을 가진다.

또 분국은 *Asp. shirousami*와 *Rhizopus*속 등을 증식한 당화제로서 당화력이 높다.

(3) 맥주(Beer)

맥주는 보리속의 전분을 맥아(보리를 싹 틔워 제조한 엿기름)의 당화 효소로 발효성 당으로 전환시켜 효모인 *Saccharomyces cerevisiae*와 *S. vzarum*으로 알코올 발효를 시켜 제조한다.

발효 형식은 사용 효모에 따라 상면발효와 하면발효로 나누어지며, 영국, 기타 유럽 및 미국의 일부에서는 상면발효 형식으로 제조하는 반면, 독일에서는 하면발효 형식으로 제조한다.

우리나라의 맥주 원료는 맥아, 호프, 백미, 옥수수, 감자녹말 중의 하나 또는 그 이상의 원료와 물을 사용해 발효시킨다. 유럽 지방에서는 전통적인 맥주 원료는 맥아, 호프, 효모, 물의 4종류만 사용하여 발효시킨 술이다.

발효 온도는 8~15℃에서 약 10일간 주발효시키는데, 이때 CO_2가 발생된다.

주발효 기간 중에 생성되며 가라앉은 효모를 남기고 위의 맑은 액은 밀폐 탱크에 옮겨 넣어 약 3개월간 2℃ 저온에서 숙성시킨다.

가라앉은 효모는 주발효의 마지막 단계에서 별도로 분리하여 다음 발효에 사용한다.

보통 맥주는 4% 알코올 농도이며, 투명한 액체에 CO_2가 함유된 술로서 백색크림 형의 거품이 생기는 것이 특징이다.

[그림 3-4] 맥주

(4) 포도주(Wine)

포도주는 잘 익은 포도를 효모의 발효 주원료로 사용하며, 당분이 높고 산도가 낮으며, 색소가 진한 적색포도주가 좋다.

효모는 *Saccharomyces cerevisiae*, *S. ellipsoides*가 관여한다.

포도의 종류에 따라 적포도주와 백포도주가 있다. 적색 또는 흑색 포도 과즙을 과피와 함께 발효하며, 안토시안(anthocyan) 색소를 용출시켜 제조한 술을 적포도주(red wine)라 하며, 청포도의 과즙을 발효시켜 제조한 술을 백포도주(white wine)라 한다.

적포도주는 과피 중 탄닌(tannin)이 많이 용출되기 때문에 떫은맛이 강하며, 백포도주는 떫은맛이 없는 것이 특징이다.

화이트 포도주는 알코올 농도가 10~13%이고, 레드 포도주는 12~14%, 강화 포도주는 16~23%이다.

[그림 3-5] 포도주

(5) 소주

소주는 고구마, 감자, 수수, 옥수수, 백미 등 여러 서류 및 곡류를 원료로 하여 알코올 발효 시킨 후 술덧을 증류하여 만들거나 순수 알코올을 물로 희석하고 설탕, 포도당, 구연산 등을 첨가하여 제조한다. 소주 제조 시 효모는 *Aspergillus awamori*, *Aspergillus usamii* 등이 관여한다.

[그림 3-6] 소주

(6) 고량주

중국에서 생산되는 대표적인 증류주로서 주원료는 옥수수와 곡자를 섞어 반고체상으로 9일간 발효시킨다. 발효가 끝난 술덧에 새로운 원료를 섞고 증류기로 증류한다.

고량주 발효 효모는 누룩에 함유된 *Aspergillus*속, *Rhizopus*속, *Mucor*속 등이 관여한다. 알코올의 농도는 보통 60% 전후이며, 알데히드, 에스테르, 디아세틸 등이 풍부하고 독특한 향기를 갖는다.

(7) 럼주(Rum)

당밀, 고구마, 사탕수수의 즙을 발효시켜 증류한 술이다. 럼주는 감미로운 향기가 있어 설탕의 감미와 계란의 비린내를 완화시키기 위해 제과용으로 많이 사용된다.

알코올 농도는 38~45℃이다.

3. 아미노산 발효(Amino acid fermentation)

아미노산은 염기성인 아미노기($-NH_2$)와 산성인 카르복시기(-COOH)를 모두 가지고 있는 화합물이다.

대부분이 무색결정이며, 물에 잘 녹는다. 따라서 미생물을 이용하여 글루탐산(glutamic acid), 리신(Lysine) 등의 아미노산을 생산하는 것을 아미노산 발효라 한다.

아미노산은 조미료, 의약품 수액, 사료 첨가물에 사용되며, 글루탐산(조미료), 메티오닌, 리신(사료

첨가물)의 3종류가 현재 아미노산 시장의 90% 이상을 점하고 있다.

글루탐산의 생합성 경로는 TCA 회로에서 피루브산(pyruvic acid)와 옥살로아세트산(oxaloacetic acid) 또는 초산(acetic acid)와 oxaloacetic acid에서 생성되어 글루탐산이 생성된다.

TCA 회로에 의한 CO_2의 글루탐산 생성 과정은 [그림 3-7]과 같다.

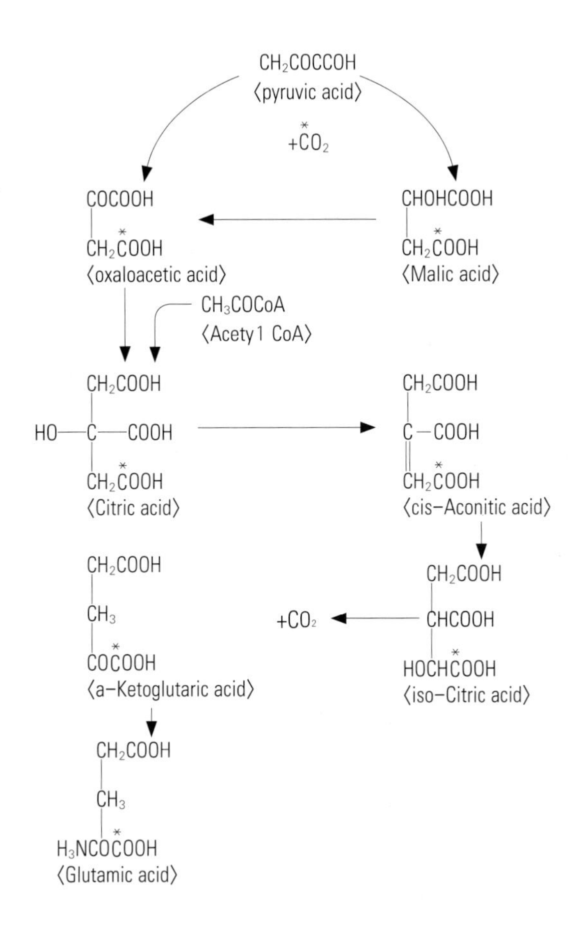

[그림 3-7] TCA 회로에 의한 CO_2의 글루탐산 생성 과정

글루탐산 발효와 유산 발효에 있어 *E. coli*가 혐기조건 하에서 글루탐산 발효로부터 유산발효로 전환시킨다는 사실이 밝혀졌으며, 이와 같은 발효전환은 *Cory. glutamicus*에 있어서도 인정되고 있다.

이 균은 호기조건 하에서는 글루탐산을 생성하나 혐기조건 하에서는 글루탐산 대신에 다량의 유산을 생성한다.

유산 발효로의 전환은 특수한 온도 조건에 의해서도 유발된다. 즉 *Br. divaricatum*은 전배양, 본배양 모두 동일 온도로서 발효를 진행하면 글루탐산을 생성 축적하나, 본배양이 전배양에 비하여 온도가 높은 경우, 예를 들면 전배양 30℃, 본배양 37℃의 조건에서는 유산 발효로 전환된다.

[그림 3-8]은 *Brevibacterium divaricatumr*균에 의한 glutamic acid 발효와 succinic acid 발효 생성 과정이다.

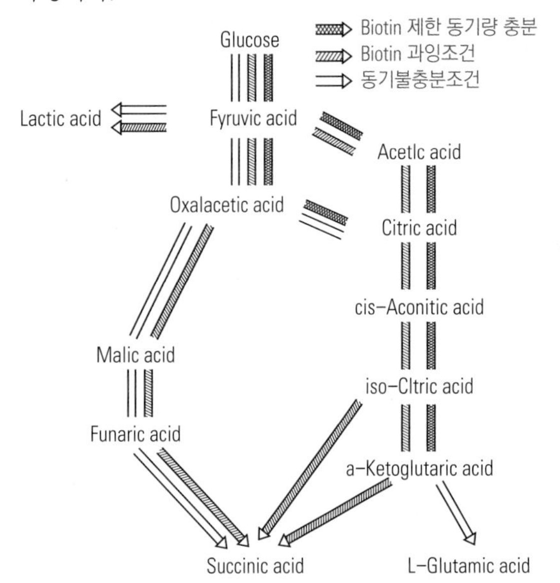

[그림 3-8] glutamic acid와 succinic acid 발효 생성 과정

4. 해당(Glycolysis)

동물, 식물, 미생물에서 포도당 또는 글리코겐이 무산소 상태(anaerobic condition)에서 피루브산(pyruvic acid)에서 젖산(Lactic acid)으로 되는 과정을 이 생화학적 경로를 발견한 학자의 이름을 붙여 EMP(Embden-Meyerhof-Parnase-Pathway) 경로 또는 흔히 해당(glycolysis) 과정이라 한다.

해당 과정의 경로는 [그림 3-9]와 같다.

젖산 발효와 알코올 발효 기타 EMP 경로를 이용한 대표적인 발효는 [표 3-4]와 같다.

이 과정은 세포의 세포질에서 일어나며, 산소를 필요로 하지 않는 혐기적 대사(anaerobic metabolism) 과정이다.

해당 과정 중에는 3가지 다른 형태의 화학 반응이 일어난다.

① 포도당이 분해되어 피루브산(pyruvic acid) 생성
② 해당 경로에 의해 생성된 고에너지 인산 화합물에 의해 ADP로부터 ATP 생성
③ 수소 원자 혹은 전자의 이동

해당 과정에 의해 생성된 피루빈산(pyruvic acid)은 호기적 조건(aerobic condition)에서는 아세틸 조효소 A(acetyl CoA)를 생성하여 TCA 회로에서 CO_2와 H_2O로 완전히 산화 분해되나, 산소의 공급이 충분하지 못한 혐기적 조건에서는 젖산(lactic acid)으로 환원된다.

근육 내에서의 젖산 생성 과정은 힘이 많이 드는 물리적 운동을 할 때 에너지의 주요한 공급 경로가 되기도 한다.

TCA 회로(tricarboxylic acid cycle)은 시트르산(citric acid) 회로 또는 크랩스(kreb's) 회로라고 하며, 포도당의 해당 과정에 의한 마지막 생성물인 피루빈산의 산화적 탈탄산 반응(oxidative decarboxylation)에 의해 생성된 아세틸 조효소 A와 옥살로아세테이트(oxaloacetate)가 축합하여 탄소수가 3개의 화합물 트리카르복실릭산(tricarboxylic acid), 즉 시트르산(citric acid)이 생성되는 과정으로 시작하여 그 분자의 CO_2 방출과 옥살로아세테이트가 재생되는 일련의 과정이다. TCA 회로는 [그림 3-10]과 같다.

[표 3-4] EMP 경로를 거치는 각종 발효

발효 형식	주요 발효 생성물	관여 미생물
알코올 발효	Ethanol, CO_2	효모
Homo 젖산 발효	젖산(lactic acid)	젖산균(*Streptococcus, Lactobacillus*속)
Hetero 젖산 발효	Lactic acid, ethanol, CO_2	젖산균, *Leuconostoc*
Acetone-butanol 발효	Acetone, ethanol, isopropyl, alcohol, ethanol, butyric acid, acetic acid. H2, CO_2	*Clostridium*속
Propionic acid 발효	Propionic acid, acetic acid, CO_2	*Propionibacterium*속
Butylene glycol 발효	2, 3-Butylene glycol, ethanol, CO_2	*Aerabacter*속
혼합 발효(混合醱酵)	Lactic acid, acetic, succinic acid, ethanol, CO_2, H_2	*Escherichia*속

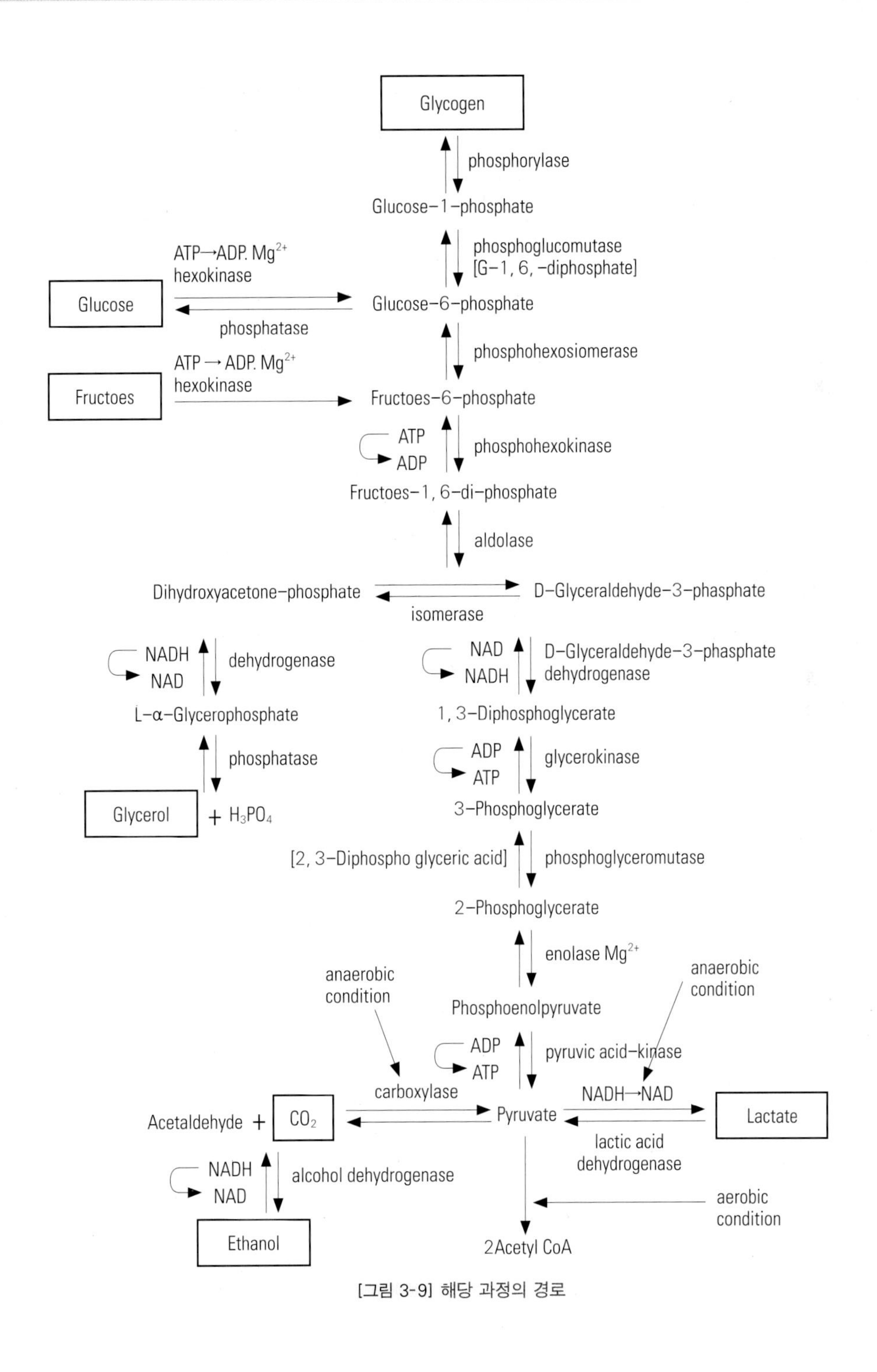

[그림 3-9] 해당 과정의 경로

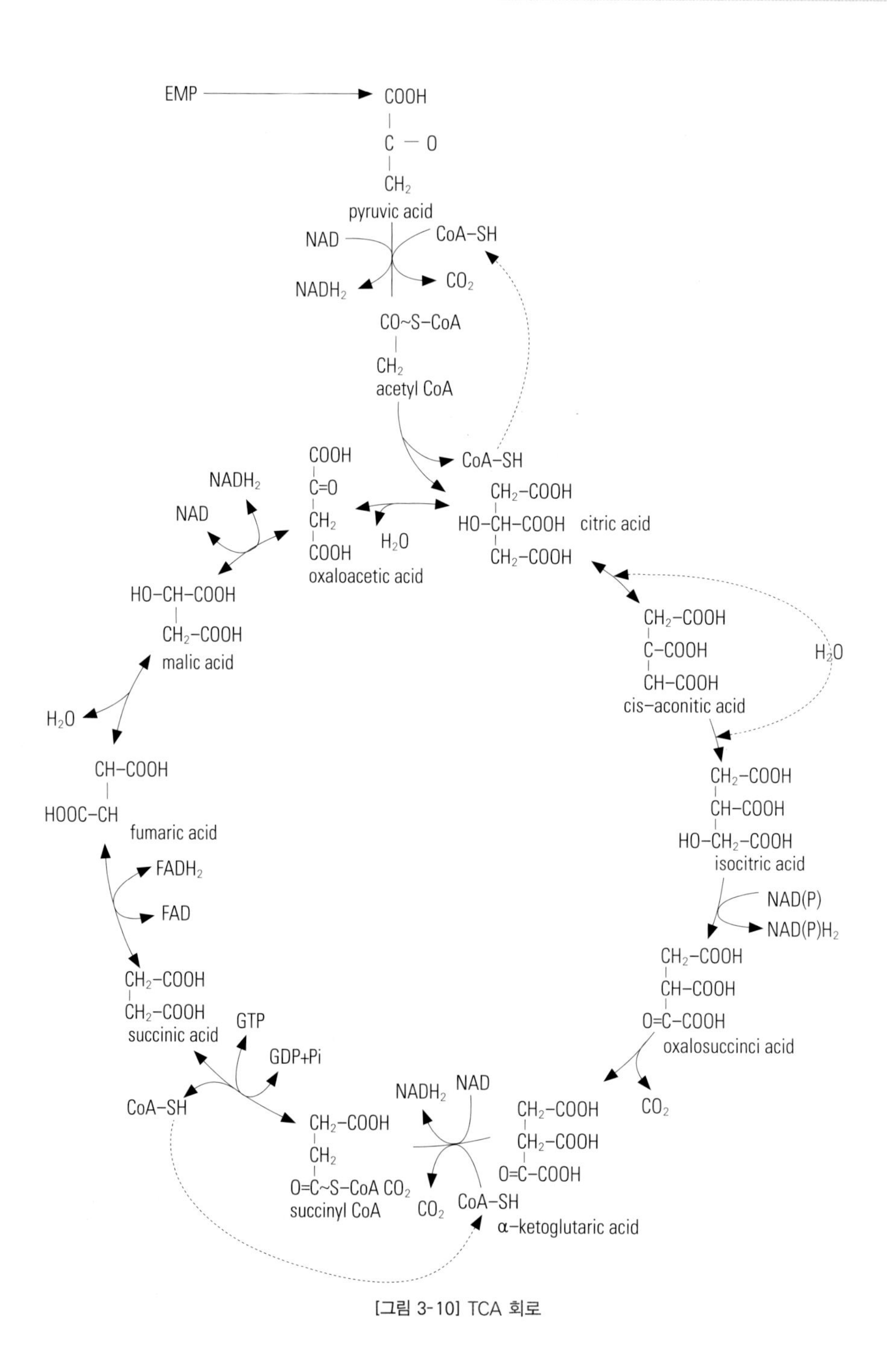
EMP
COOH
C — O
CH2
pyruvic acid
NAD
CoA-SH
NADH2
CO2
CO~S-CoA
CH2
acetyl CoA
CoA-SH
COOH
C=O
CH2
COOH
oxaloacetic acid
H2O
CH2-COOH
HO-CH-COOH
CH2-COOH
citric acid
NADH2
NAD
HO-CH-COOH
CH2-COOH
malic acid
CH2-COOH
C-COOH
CH-COOH
cis-aconitic acid
H2O
H2O
CH-COOH
HOOC-CH
fumaric acid
CH2-COOH
CH-COOH
HO-CH2-COOH
isocitric acid
FADH2
FAD
NAD(P)
NAD(P)H2
CH2-COOH
CH-COOH
O=C-COOH
oxalosuccinci acid
CH2-COOH
CH2-COOH
succinic acid
GTP
GDP+Pi
CoA-SH
NADH2
NAD
CH2-COOH
CH2-COOH
O=C-COOH
CO2
CH2-COOH
CH2
O=C~S-CoA CO2
succinyl CoA
CO2
CoA-SH
α-ketoglutaric acid

[그림 3-10] TCA 회로

{제4절} 효소(Enzyme)

효소는 생물 체내에서 합성되어 소화, 호흡, 흡수 등의 과정에서 일어나는 거의 모든 화학 반응에 선택적으로 관여하고 있다.

효소는 아미노산의 peptide 결합을 골격으로 한 단백질로서 생물 체내에서 화학 반응을 빠르게 하는 촉매의 역할을 한다.

효소의 특성 중의 하나가 선택성이다. 즉, 화학 물질인 염산은 단백질이나 탄수화물에 관계없이 비선택적으로 가수분해를 하나 protease란 효소는 단백질만을 가수분해하고 amylase는 탄수화물만을 가수분해한다. 이와 같이 하나의 효소는 하나의 기질에만 작용하는 특이성이 있다.

탄수화물 즉 당질은 영어에서 접미어 -ose가 붙고, 효소(Enzyme)에는 접미어 -ase가 붙는다.

1. 탄수화물 분해 효소

1) 이당류 분해 효소

(1) 인베르타아제(Invertase)

설탕을 과당과 포도당으로 분해

(2) 말타아제(Maltase)

맥아당을 포도당과 포도당으로 분해

(3) 락타아제(Lactase)

유당을 포도당과 갈락토오스로 분해

2) 기타 분해 효소

(1) 아밀라아제(Amylase)

전분을 무작위로 잘라서 액화시키는 효소인 α-amylase에 의해 잘려진 전분을 말토오스(matose) 단위로 자르는 β-amylase가 있다.

탄수화물 즉 당질은 영어에서 접미어 -ose가 붙고, 효소(Enzyme)에는 접미어 -ase가 붙는다.

(2) 지방 분해 효소

지방(Fat & oil)을 리파아제(Lipase)에 의해 지방산과 글리세롤로 분해

(3) 단백질 분해 효소

① 프로테아제(protase)는 단백질을 펩톤, 폴리펩티드, 아미노산으로 분해

② 펩신(pepsin)은 위의 주세포(chief cell)에서 분비되는 단백질 분해 효소로서 펩타이드(peptide)로 분해

③ 트립신(trypsin)은 췌액(이자액)에서 분비하는 단백질 분해효소로서 단백질의 소화에 있어 펩신과 함께 중요한 효소이다.

④ 레닌(renin)은 단백질 분해효소로서 사람의 신장 및 돼지, 쥐, 개의 신장에도 존재

(4) 셀룰라아제(Cellulose)

섬유소(cellulos)를 분해하여 호정, 포도당 등으로 만든다. 무척추 동물에 속하는 달팽이류와 미생물체에 존재한다.

(5) 이눌라아제(Inulase)

돼지감자 등에 있는 이눌린(inulin)을 과당(fructose)으로 분해하는 효소로서 곰팡이, 효모, 세균 등 미생물에 의해 많이 생산된다.

(6) 치마아제(Zymase)

당분인 포도당과 과당 등을 분해하여 알코올(Alcohol), 이산화탄소(CO_2)를 생성한다. 특히 효모 속에 많이 존재한다.

(7) 프티알린(Ptyalin)

사람의 침 속에 있는 소화효소로 잘 알려져 있으며, 녹말(전분)을 맥아당(maltose)으로 분해하는데 촉매작용을 한다.

2. 온도의 영향

효소는 단백질 성분으로 되어있어 열에 쉽게 변성되어 원래의 성질로 회복하지 못한다.

모든 효소는 특정한 온도 범위 내에서 가장 활발하게 작용한다.

보통 효소는 35~45℃ 온도에서 활성이 강하다. 각 효소마다의 적정 온도 범위 내에서 약 10℃ 상승하게 되면 효소의 활성이 2배 증가하고 이 범위를 벗어나면 활성이 줄어든다.

3. pH의 영향

효소는 pH(수소 이온 농도)에 따라 크게 영향을 받으며 각기 효소마다 그 활성이 강해지는 최적 pH 범위가 있다.

Pepsin의 최적 pH는 1~2이며, trypsin은 7~8이다. X-amylase라도 사상균에 제조된 amylase는 최적 pH가 4.5~4.8이며, 세균 및 동물에서 추출하여 제조된 x-amylase는 6.0~7.0이다. 최적 pH는 완충용액(buffer solution)의 종류, 기질 및 효소농도, 작용온도 등에 의해 차이가 있다.

[그림 4-1]은 pH Scale를 나타낸 것이다.

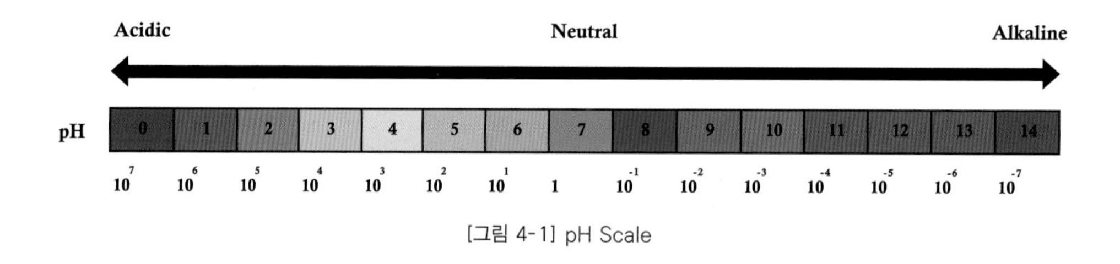

[그림 4-1] pH Scale

{제5절} 효모(Yeast)

1. 효모의 특징

효모(yeast)란 진핵 세포 구조를 가진 고등 미생물로 생활의 대부분을 구형, 난형 등의 단세포로 생활하며, 주로 출아(budding)에 의해 증식하는 진균류의 총칭이나 곰팡이, 버섯류 등의 이름과 같이 분류학상의 엄밀한 명칭은 아니다.

그러나 꼭 같은 진균류에 속하는 곰팡이나 버섯과는 그 성상이 아주 다르므로 보통 이들 균류와 구별하여 취급한다.

효모 중에도 출아에 의한 증식 외에 분열법으로 증식하는 것도 있고, 균사나 가균사를 가지는 것도 있다.

즉, 효모는 자낭포자(ascospore)를 형성하는 Endomycetaceae(*Ascosporogenous teast*), 사출포자(ballistospore)를 형성하는 Sporobolomycetaceae, 포자를 형성치 않는 Cryptococcaceae(*Asporogenous yeast*) 등이 있다.

효모란 어원으로는 "발효의 근원"의 의미로 yeast(영), Hefe(독), levure(불) 등도 발효의 거품에서 유래된 것이다.

효모는 자연계에서 과실의 표면, 수액(樹液), 꽃의 밀샘(密腺, 토양(과수원), 해수, 우유, 맥분, 공기, 곤충의 체내에 널리 분포되어 있다.

자연계에서 분리된 그대로의 효모를 야생효모(wild yeast)라 하고 우수한 성질을 가진 효모를 분리하여 목적에 알맞게 계대 배양한 것을 배양효모(culture yeast)라고 한다.

맥주 효모, 청주 효모, 빵 효모 등은 배양효모의 좋은 보기이다.

효모는 응용미생물학상 아주 중요한 미생물군으로 알코올 발효능이 강한 종류가 많아, 이들은 옛날부터 주류의 양조, 알코올 제조, 제빵 등에 이용되어 왔다.

또 균체가 사료용, 단백질, 비타민류, 핵산물질(이 분해물인 inosinie acid는 조미료로서 중요) 생산에 큰 역할을 하였다. 나아가서 당질 원료 이외에 탄화수소를 탄소원으로 하여도 생육하는 효모가 발견되어 단세포 단백질(single cell protein) 생산은 주목을 끌고 있다.

그러나 양조, 식품 등에 유해한 효모나, 병원성(Candidiasis : *Candida albicans*가 사람의 피부, 인후, 점막 등에 기생하는 병, Cryptococcosis : *Crgpotococcs neoformas*가 사람의 폐, 중추신경계, 피부 등에 기생하는 병, Geotrichosis : *Geotrichum candidum*이 사람의 구강점막이나 장관에 기생하는 병)을 가지는 효모도 있다.

효모의 화학적 구성은 [표 5-1]과 같다.

[표 5-1] 효모의 화학적 구성

수분(%)	회분(%)	단백질(%)	인산(%)	pH
68~83	1.7~2.0	11.6~14.5	0.6~0.7	5.4~7.5

2. 효모의 형태

효모의 모양은 종류에 따라서 다르고 같은 종류라도 배양조건이나 시기, 세포 나이, 세포의 영양 상태, 공기 유무 등 물리화학적 조건에 따라 다를 뿐만 아니라 증식법에 따라서 다르다.

효모의 기본 형태는 [그림 5-1]과 같으며, 그 중 원형(구형 : round globose)은 간장 발효에 관여하며 맛과 향기를 부여하고, 난형은 효모의 대표적인 형태이며, 맥주효모, 빵효모, 청주효모에 사용된다. 또한, 타원형은 포도주 발효에 다량 함유되어 있다. 소세지형은 맥주 발효에서 불쾌한 냄새가 나게하는 효모이다. 또한 기타 레몬형, 삼각형 등이 있다.

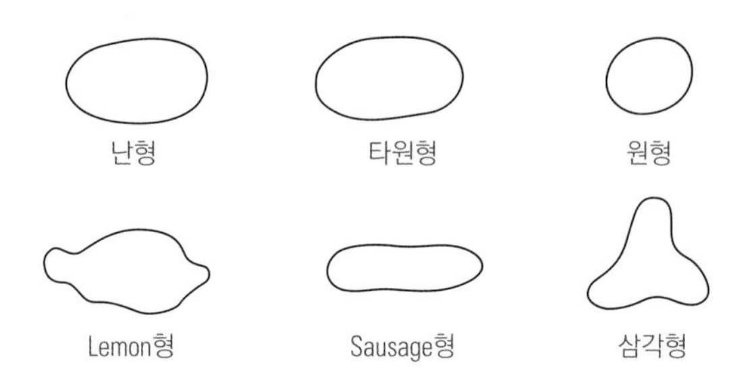

[그림 5-1] 효모의 기본 형태

3. 효모의 크기

효모는 세포의 크기와 종류, 환경 조건이나 발육 시기에 따라 다르나 유포자 효모균은 평균으로 8~7 & 6~5㎛으로 큰 것은 10~8㎛, 작은 것은 3~2.2㎛ 정도로 세균보다는 크다. 배양효모는 야생효모보다 크다.

4. 효모의 증식법과 포자 형성

효모의 증식법에는 영양증식(출아, 분열 및 양자 혼합의 출아분열)과 자낭포자의 형성 두 가지 방법이 있다.

영양증식의 대표적인 방법으로 대부분의 효모(Saccharomyces속)는 출아(budding)에 의하여 증식한다. 즉 성숙된 세포의 표면에 싹(눈, bud)과 같은 작은 돌기가 생기고, 이것이 점차 커짐과 동시에 핵이 둘로 나누어져 독립된 세포로 된다.

원래의 세포를 모세모(mother cell), 출아로 생긴 세포를 낭세포(daughter cell)라 한다. 낭세포가 모세포만큼 커지면 막이 생겨 모세포에서 떨어진다. 이 막을 폐쇄막(closed membrane)이라 하고 폐쇄된 막의 장소, 즉 낭세포가 떨어진 장소는 흠집이 생기는데, 이것을 출아흔(bud scar)이라 하며, 이곳에서는 다시 출아되지 않는다. 때로는 출아된 세포가 모세포에서 떨어지지 않고, 다수 연결된 상태를 출아연결이라고 하는데 배양효모에서 자주 볼 수 있다.

한 개의 세포의 출아 수는 효모의 종류에 따라 다르나 맥주 효모에서는 5~7회이다. 효모의 출아 증식은 [그림 5-2]와 같다. 효모의 여러 가지 형태는 [그림 5-3]과 같다.

[그림 5-2] 효모의 출아 증식

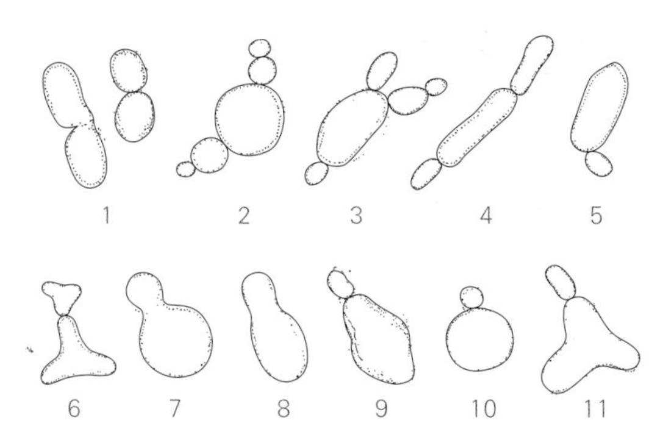

[그림 5-3] 효모의 여러 가지 형태

출아(영양증식)의 방법은 *Saccharomyces cerevisiae*와 같이 세포의 어느 곳에서나 출아가 되는 다극출아(multilateral budding)와 *Saccharomycodes*속, *Hanseniaspora*속, *Nadsonia*속, *Wickerhamia*속, *Kloecrera*속, *Trigonopsis*속 등의 세포의 양단에서만 출아하는 양극말단 출아(bipolar terminal budding)가 있다. 영양증식형과 주요 효모의 형태는 [표 5-2]와 같다.

[표 5-2] 영양증식형과 주요 효모의 형태 및 효모 속

1	분열	형태	효모 속
2	다극출아	구형	*saccharomyces* 외 여러 속
3	"	타원형	"
4	"	원통형	"
5	"	첨두타원형	*Derrera, Brettanomyces*
6	"	삼각형	*Trigonopsis*
7	다극출아	구형	*Cryptococcus* 외
8	단극출아	타원형	*Pityrosporum*
9	양극출아	레몬형	*Hanseniaspora, Kloecrera* 외
10	분생자의 형성	구형	*Sterigmatomyces*
11	사출포자 형성	타원형	*Sporobolomyces*

5. 효모의 구조

효모 세포의 구조는 외측으로부터 두터운 세포벽(細胞壁, cell wall)으로 둘러싸여 있으며, 세포벽 바로 안에는 세포막(細胞膜, cell membrane)이 있는데, 이 막은 원형질막(原形質膜, cytoplasmic membrane)이라고도 부른다.

원형질막 속에는 원형질(原形質, cytoplasm)이 충만 되어 있으며, 그 속에는 핵(核, nucleus), 액포(液胞, vacuole), 지방립(脂肪粒, lipid granule), 미토콘드리아(mitochondria), 리보솜(ribosome) 등이 들어있다.

효모 세포의 구조는 [그림 5-4]와 같다.

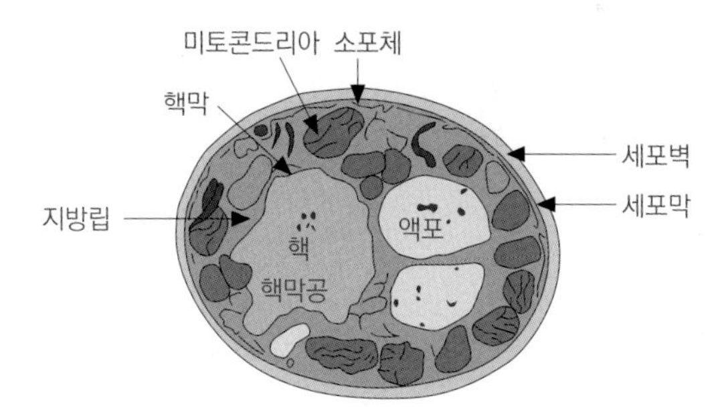

[그림 5-4] 효모 세포의 구조

6. 빵 효모(Yeast)의 산업화

1) 빵 효모의 제조

빵 효모는 최초로는 액체 상태로 공급되었으나, 옥수수, 보리 등을 맥아 아밀라아제(amylase)로 당화한다.

이것을 술덧으로 만들어 효모를 넣고 발효한 후 효모를 분리한 다음 세척 압착한 압착 효모를 생산하게 되어 오늘날 각 업체에 공급하고 있다.

(1) 우량 균주인 효모 선발

생산한 *Saccharomyces cerevisiae*의 좋은 효모를 선발하기 위해 살균된 증류수로 10^{-5}~10^{-7}으로 희석한 후 평면고체배지에 접종 후 배양하여 크기, 모양, 포자 형성 상태, 증식 속도 등을 고려하여 선발한 후 맥아즙 사면 배지에 증식 후 냉장고에 저장하면서 종균 효모로 사용한다.

(2) 빵 효모 제조 본배양 및 조건

냉장고에 보존한 효모를 액체배지에 접종하여 효모수가 최대에 도달하는 시기인 정상단계(stationary phase)로 증식 후에 본배양 배지로 이송하여 접종시킨다.

본 배양 tank는 stainless 50ton, 100ton 등 다양하며, 무균 상태의 공기 주입, 교반 propeller, pH 조절, 원료 주입 장치, 온도 control 장치 등이 설치되어 조절 가능하다.

빵 효모의 제조공정은 [그림 5-5]와 같다.

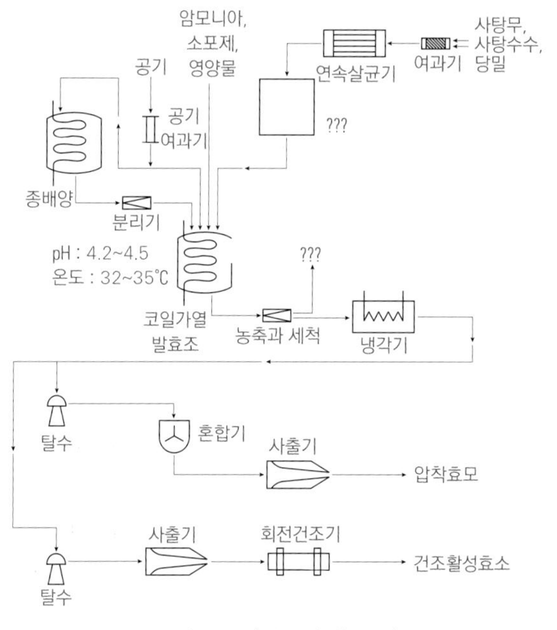

[그림 5-5] 빵 효모의 제조공정

효모 배양에는 많은 양의 공기를 주입하여 배양시키며, 포화 시 용존산소(dissolved oxygen : DO)가 150mMO$_2$/ l /hr이나 빵 효모를 배양한 예로는 호기적 발효에서 균체의 증식을 유지하는 데는 115ppm 이상의 DO 수준이 필요하다.

빵 효모의 경우에는 증식 외에 제품 자체의 내구성과 숙성을 고려할 필요가 있어 26~30℃에서 초기에 배양하여 점차적으로 상승시켜 배양종만 32~35℃에서 배양한다.

빵 효모는 pH 3.6~6.0의 범위에서 증식되나 보통 pH 4.5~5.0에서 수율이 가장 높다. 본배양 pH는 일반적으로 초기에서 pH 4.2~4.5 최종기에는 pH 4.8~5.2 정도가 적당하다.

통기 배양을 하는 동안 많은 거품이 생기는데, 이

거품을 제거하지 않으면 발효tank 외부에 나와 오염의 우려가 크며, DO도 영향이 있어 소포제를 주입하여 거품을 제거한다.

소포제는 라드(Lard), 합성물질인 silicon, glycol, polypropylene 등 여러 가지가 사용된다.

2) 빵 효모의 제품화

(1) 효모 분리 세척

배양이 끝난 배양액은 되도록 빨리 효모를 분리한다. 배양 방법에 따라 다르나 약 20시간 배양시키면 배양액의 3.5~4.5% 정도의 효모를 얻을 수 있다.

분리는 원심분리기로 하며, 폐액과 균체를 분리하여 폐액은 배수처리장으로 보낸다. 따라서 1차 처리 후 세척, 2차 처리 후 세척한 최종 단계에서는 18~21%로 농축시킨다. 보통 이것을 yeast cream이라고 한다.

(2) 압착 효모(생이스트)

냉각장치가 설치되어 있는 cream군에 저장된 yeast cream을 5~10℃으로 냉각시켜 보통 회전진공탈수기(dehydrator)를 이용해 탈수시킨다.

압착 효모의 수분함량은 70~75%, 고형분 25~30%이다. 이때 Dehydrator로 처리된 효모는 전분층에서 전분이 약간 남아 있어 약 0.5% 이하이다.

이 압착 효모는 자동포장기에 의하여 포장됨으로써 제품화된다.

이스트(yeast)의 보관온도는 0℃에서 2~3개월, 13℃에서 2주, 22℃에서는 1주를 넘기기가 어렵다. 따라서 생이스트는 냉장고(0~4℃)에 보관하면서 가능한 빠른 시일 내에 사용하는 것이 이스트 활성을 높일 수 있다.

이스트는 pH 4.5~4.9, 온도 30~38℃에서 잘 증식되며, 48℃ 온도부터는 이스트 세포가 파괴되기 시작하여 일반 이스트는 63℃, 포자형성 이스트는 69℃ 온도에서 거의 사멸된다.

이스트 내에 있는 효소는 단백질을 분해하는 프로테아제(protease), 지방 분해 효소인 리파제(lipase), 설탕 분해 효소인 인벌타아제(invertase), 맥아당 분해 효소인 말타아제(maltase) 등이 들어 있으나 유당을 분해하는 효소인 락타아제(lactase)는 들어 있지 않다.

생이스트 사용 시 주의할 점을 살펴보면, 제빵 제조 시 이스트와 소금은 직접 접촉하지 않도록 한다. 고온 다습한 날씨에 이스트를 사용해야 하는 경우에는 빵 반죽 온도를 조금 낮춘다. 냉장고에 보관 중인 이스트를 꺼내어 사용한 후에는 상온에 방치하지 않도록 하며, 먼저 배달된 이스트부터 사용하도록 한다.

(3) 활성건조 효모(드라이 이스트)

활성건조 효모는 요즘 세균 수, 식품의 향, 맛 등을 높여주는 진공동결건조장치(vacuum freeze drying)를 사용한다.

이 장치를 이용 시 가장 중요한 점은 건조 빵 효모를 상온에서 보관하면서 사용 시 재생률을 높이기 위해 액체 효모를 용기에 aceton, Alcohl 등에 dry ice를 넣어 −70℃ 정도로 떨어진 후 효모를 넣

어 급속 냉동시킨 후 진공 동결 건조 장치에 연결시켜 승화의 원리로 건조된다.

이 방법은 비용이 다소 높으나 건조 효모 사용 시 재생균수가 높다는 논문 등이 많으며 현재 증명된 상태이다. 드라이 이스트 내의 수분량은 7.5~9.0%이다.

빵 제조 시 드라이 이스트의 사용량은 이론상 생이스트 대비 약 30~35% 정도 사용하여도 되지만, 건조 공정 과정 중 또는 수화 과정(재생 과정)에서 다소 활성 이스트가 사멸되기 때문에 실제로는 40~50% 정도를 사용하는 것이 타당하다.

드라이 이스트 사용 시의 장점은 균일성, 편리성, 정확성, 경제성 등이 있다.

7. 천연효모 발효빵 특징

르방(Levain)이란 프랑스어로 "자연효모"라는 의미를 가지고 있다. 그러나 최근에는 자연효모가 천연효모로 통용되어 불리어지고 있다.

사워도우(sourdough)는 빵을 부풀리는 데 사용하는 유산균과 효모의 공생 배양물을 말한다. 사워도우에는 *Candida milleri*인 효모균과 *Lactobacillus sanfranciscensis*인 유산균 등이 주를 이루고 있다.

이러한 천연효모균이 함유된 사워도우균들은 밀가루와 물의 반죽 덩어리에서 장기간 발효에 의해 잘 자란다. 천연효모빵은 제조 시 상업용 효모 대신 사워도우를 사용하는 균을 스타터균(starter strain)이라고도 한다.

국내에서는 천연효모 발효빵을 제조하는 데 천연효모인 스타터종균(starter mother)인 호밀 천연효모종, 누룩 천연효모종, 사과 천연효모종, 포도 천연효모종, 블루베리 천연효모종, 건포도 천연효모종 등을 사용하고 있다.

천연효모 발효빵과 상업용 효모 발효빵을 구분하는 차이는 천연효모인 경우는 자연 상태에서 존재하는 효모와 수많은 유산균의 복합미생물이며, 상업용 효모는 순수한 효모인 *Sacchromyces cerevisiae*의 단일 효모를 배양한 고농도 순수효모인 점이다.

천연효모종에는 효모인 *Sacchromyces cerevisiae*, 유산균인 *Streptococcus*속, *Pediococcus*속, *Lactobacillus*속, *Leuconostoc*속 등이 있으며, 젖산균인 *Lactobacillus delbrueckii*, *Streptococcus lactic* 등이 포함되어 있다.

상업용 이스트와 천연효모의 특징은 [표 5-3]와 같다.

[표 5-3] 상업용 효모와 천연 효모의 특징

구분	상업용 효모	천연 효모
생성물	CO_2 에틸알코올	CO_2 에틸알코올 초산(acetic acid) 젖산(Lactic acid) 등
주 재료	밀가루, 호밀, 설탕	밀가루, 호밀, 설탕, 포도당 등
발효시간	30~50분	2~5일

1) 천연효모 사용 시 빵의 장단점

(1) 장점

① 노화현상이 늦다.

② 글루텐 형성 구조가 균일하다.
③ 다량의 유기산이 함유된 빵을 제조할 수 있다.
④ 천연의 신맛과 독특한 향을 느낄 수 있다.
⑤ 장기간의 발효로 소화가 잘되며, 감칠맛 즉 깊은 맛이 있다.

(2) 단점

① 발효 시간이 길며, 일정한 작업 시간을 맞추는 데 많은 노력이 필요하다.
② 발효 시간이 오버되면 유기산 함량이 많아 신맛이 강하다.
③ 수작업으로 일정한 사워종을 공급하는 데 많은 노력이 필요하다.

따라서 오늘날 국내에서는 천연효모 발효빵 제조업체가 늘어나고 있는 실정이다.

천연효모빵은 앞에서 기술한 바와 같이 많은 시간과 노력이 필요함에도 불구하고, 자연 상태에 존재하는 여러 가지 효모 및 유기산균 등이 장기간 발효됨으로써 유기산에 의한 특유한 신맛과 깊은 맛이 나는 빵을 제조하여 판매함으로써 다른 업체와 차별화하는 데 큰 몫을 하고 있다.

2) 천연효모 종균 보존

즉, 물과 밀가루 및 설탕이 함유된 용기에 호밀, 누룩, 사과, 포도 등 자기가 원하는 천연효모를 추출하려고 하는 재료를 일정량 투입하여 발효시킨 1차 발효 사워도우의 10% 정도의 양을 냉동보관한 후 필요시마다 계대배양하여 종균으로 사용한다.

[그림 5-6] 신선한 누룩과 인스턴트 건조 효모

[그림 5-7] 천연효모 발효빵 반죽하기

[그림 5-8] 천연효모 발효빵

{제6절} 유기산(Organic Acid)

산성을 띠는 유기 화합물의 총칭이며, 광물계에서 얻어지는 산을 무기산이라 하고, 동식물계에서 얻어지는 산을 유기산으로서 구별할 수 있다.

유기산은 구연산, 사과산, 주석산, 젖산, 초산, 호박산 등이 있는데, 그 특징을 기술하고자 한다.

1. 구연산(Citric Acid)

구연산은 감귤류, 파인애플 등의 과일에 많이 함유되어 있으며, 발효에 의한 구연산의 생산은 1923년 파이저(Pfizer)사에서 검정곰팡이(Aspergillus niger)를 이용하여 pH 3 이하 호기성 상태에서 발효하여 구연산을 생산하였으며, 구연산의 공업적 생산도 가능하게 되었다. 구연산 발효에 이용되는 미생물로는 페니실리움(penicillium)속의 곰팡이, 탄화수소를 이용하는 칸디다(Candida)속의 효모 등이 있다. 화학적으로는 하이드록시기(-OH)를 가지는 다염기 카복실산의 하나로 구연산이라 한다.

구연산의 구조식은 [그림 3-1]과 같으며, 화학식은 $C_6H_8O_7$이다.

```
CH2COOH
|
HOCCOOH
|
CH2COOH
```

[그림 6-1] 구연산 구조

오렌지, 레몬이나 덜 익은 감귤에 다량 함유되어 있다.

1) 구연산의 특징

① 물, 에탄올에 잘 녹는다.

② 당류를 기질로 하여 미생물(검은 곰팡이)을 배양함으로써 구연산(citric acid)을 생성할 수 있는데, 이것을 시트르산 발효라 한다. 미생물은 보통 검은 곰팡이가 사용되는데 pH 2~3, 온도 30℃, 배양 시간 7~10일의 조건으로 발효시켜 시트르산을 얻을 수 있다. 또 TCA(tricarboxylic acid cycle) 회로를 구성하는 한 요소로서 시트르산은 고등 동물의 물질대사에서 중요한 구실을 한다.

2) 효과 : 체내의 칼슘(Ca) 흡수를 촉진시키다.

3) 용도 : 과즙, 청량음료에 첨가하거나 의약품, 이뇨성 음료에 넣어 신맛을 내는 역할을 한다.

2. 사과산(Malic Acid)

사과산의 구조식은 그림 [3-2]와 같으며, 분자식은 $C_4H_6O_5$이다.

```
        O     H     H
        ‖     |     |
HO  —  C  —  C  —  C  —  C  —  OH
              |     |     |
              OH    H     O
```

[그림 6-2] 사과산 구조

1) 사과산의 특징

① 사과산은 신맛을 내는 유기산으로서 각종 음료, 빙과, 잼, 소스, 케첩, 마요네즈 등 가공식품에 사용된다.

② 발효에 의하거나 천연 과일즙(사과, 포도 등)에서 추출하여 얻을 수 있다.

③ 백색의 결정으로서 기분 좋은 산미를 낸다.

④ 물 100㎖에 대하여 50℃에서 222g 녹는다. 에탄올에 약간 녹으며, pH은 2.4 정도이다.

⑤ 사과, 포도에 다량 함유되어 있다.

2) 효과 : 쾌변, 관절염, 식중독, 소화 불량에 효능이 있다.

3. 주석산(Tartaric acid)

주석산의 구조식은 [그림 3-3]과 같으며, 분자식은 $C_4H_6O_6$이다.

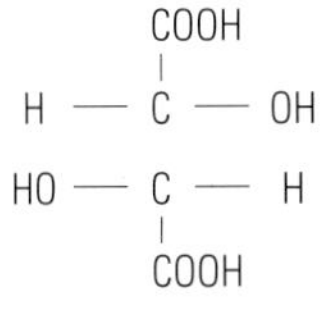

```
        COOH
         |
  H  —   C  —  OH
  HO —   C  —  H
         |
        COOH
```

D-(+)tartaric acid

[그림 6-3] 주석산 구조

포도주를 만들 때 침전하는 주석이 함유되어 주석산이라고 하며, 또한 디옥시숙신산(dioxysuccinic acid)이라고도 한다.

주석산은 과실(사과, 포도 등)에 존재하며, 자연계에 널리 분포되어 있다. 주석산칼리는 포도주를 제조하는 동안 다량 생산된다.

주석산 발효에 이용되는 미생물은 아그로박테리움(Agrobacterium)속, 리조비움(Rhizobium)속, 슈도모나스(Pseudomonas)속 등이 이용된다.

4. 젖산(Lactic acid)

젖산은 1780년 K. W. 셀레에 의해 산패한 우유 속에서 발견되었으며, 동·식물계에서 존재한다.

카복시기, 하이드록시기·수소의 4원자단이 결합한 비대칭 탄소 원자를 가지는 유기화합물이다.

젖산의 화학식은 $C_3H_6O_3$이며, 구조식은 [그림 3-4]와 같다.

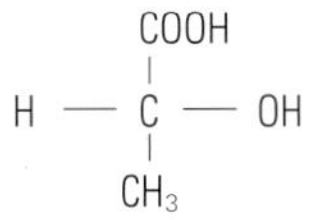

```
        COOH
         |
  H  —   C  —  OH
         |
        CH3
```

L(+) 젖산

[그림 6-4] 젖산 구조

1) 성질

막대 모양의 결정체이며, 녹는점은 25~26℃이다.

해당(解糖) 작용의 최종 산물로서 피루브산(Pyruvic Acid)의 환원에 의해 생기는데, 사람의 혈액 속에는 100ml당 5~200mg이 존재하며, 심한 운동 시 증가된다.

몸에 대량으로 생긴 젖산은 간에서 글리코겐으로 분해에 의한 L-젖산 축적과 관계가 있다. 휴식에 의

해 젖산의 일부가 산화 분해되지만 대부분은 원래의 글리코겐으로 재탄생된다. 즉, 운동을 심하게 하면 세포에 충분한 산소 공급이 부족하게 되며, 이 결과 부산물로 생긴 젖산이 혈액 속에 수소 이온 농도를 증가시키기 때문에 혈액 중 pH가 낮아져 효소의 활동이 둔화된다.

따라서 신진대사 능력이 떨어져 에너지 생성이 어려워지며, 혈액 내의 수소 이온 농도가 높아지면 칼슘 이온 대신 수소 이온이 트로포닌(troponin)과 결합해 근육수축을 방해하며, 피로감과 통증을 느끼게 한다.

운동 후 젖산을 효과적으로 제거하는 방법은 가벼운 운동을 지속해 주는 것으로, 운동할 때와 운동을 하지 않을 때를 비교해 보면, 저강도 운동으로 늘어난 혈류량 속의 산소가 젖산의 산화를 도와주게 되며, 젖산 감소의 결과를 가져온다.

2) 효능

젖산은 장내에 있는 유해 세균의 발육을 억제하여 장의 기능을 좋게 한다.

일반적으로 젖산이 5~12%인 농도의 미용제품을 지속적으로 사용하면, 미세한 주름을 개선시켜 피부를 부드럽게 하고 연하게 하는 효능이 있다.

3) 존재

젖산은 무색의 시럽상 액체로 식물이나 산패한 물질, 요구르트 등의 발효유·젖산균 음료에 함유되어 있다.

또한 대부분의 동물의 기관 속이나 사람의 피로한 근육 속에 축적되어 존재한다.

5. 초산(Acetic acid)

초산은 약 3~4%로 제조하여 식초로서 식품으로 사용한다. 구조식과 화학식은 CH_3COOH이다. 포화지방산의 일종으로 자극성이 강하고, 산의 맛을 가지고 있는 무색의 액체로 순도가 높은 초산은 동절기에 빙결되기 때문에 빙초산이라 한다. 초산의 구조식은 [그림 3-5]와 같고, 분자식은 $C_2H_4O_2$이다.

```
       H     O
       |     ‖
H  —  C  —  C  —  OH
       |
       H
```

[그림 6-5] 초산 구조

1) 초산 발효의 기작

초산 발효는 초산균 아세토박터 오를레앙스(*Acetobacter orleanense*), 아세토박터 아세티(*Acetobacter aceti*), 아세토박터 오시단스(*Acetobacter oxydans*) 등의 작용으로 에탄올이 산화되어 초산으로 되는 호기적 발효이며, 이에 관한 생화학적인 연구로 다음과 같은 화학식이 제시되고 있다.

$$CH_3 \cdot CH_2OH + O_2 \rightarrow CH_3 \cdot COOH + H_2O$$

이 반응은 두 단계로 이루어지며 1단계는 NAD(nicotinamide adenine dinucleotide; 니코틴아미드 아데닌 디누우클레오티드)를 보효소로 하는 알코올 탈수소 효소(alcohol dehydrogenase)에 의하여

$$CH_3 \cdot CH_2OH + \frac{1}{2}O_2 \rightarrow CH_3 \cdot CHO + H_2O$$

생성된 아세트알데히드는 다시 NADP(nicotinamide adenine dinucleotide phosphate; 니코틴아미드 아데닌 디누우클레오티드 인산)를 보효소로 하는 알코올 탈수소 효소에 의하여

$$CH_3 \cdot CHO + NADP^+ + H_2O \rightarrow CH_3COOH + NADP + H_2$$

위와 같은 아세트알데히드가 산화되어 초산이 생성된다.

2) 식초의 특징

(1) 식초 생산

① 발효 식초를 정제하여 95~96% 초산을 3~4%로 희석하여 시판한다,

② 공업용 식초(석유, 석탄)는 식용으로는 사용하지 않는다.

(2) 식초의 종류

① 가시오가피 식초는 간암에 효과적이다.

② 감식초와 복숭아 식초는 고혈압, 당뇨에 효과적이다.

③ 복분자 식초는 위장에 좋고 신장의 기능을 촉진시켜 주는 효험이 있다.

④ 현미 식초는 현미 2 : 엿기름 1 : 누룩 1의 비율로 섞어서 25~30℃에서 약 8일간 1차 알코올 발효를 시킨 후 30~35℃에서 2차 초산 발효시킨다. 이 초산 발효액에 기능성 약초 추출물과 혼합한 후 약 1년간 숙성시킨 다음 복용하면 좋은 효과를 얻을 수 있다.

⑤ 발사믹 식초는 단맛이 강한 포도즙을 나무통에 넣고 목질이 다른 통에 여러 번 옮겨 담아 숙성시킨 포도주 식초로써 우리 몸속에 필요 없는 활성산소를 제거하는 황산화 성분인 폴리페놀이 들어 있다.

[그림 3-6]은 다양한 식초의 예이다.

(3) 식초의 성질

식초는 신맛을 내기 때문에 산성 식품으로 생각하기 쉽다, 하지만 알칼리성 식품이다(pH 2~3). 그 이유는 산성인(pH 2~3) 식초가 우리 몸에 들어오면 분해되어 알칼리성으로 변화되기 때문에 알칼리성 식품으로 여긴다.

[그림 3-6] 다양한 식초의 종류

(4) 식초의 효과

① 발효 식초에는 다량의 유기산이 들어 있으며, 우리 몸에서 비타민, 무기질 흡수를 촉진시킨다.

② 항산화 효과가 있어 노화 방지 역할을 한다.

③ 피로 회복, 혈액 순환을 돕고, 대장에서 유해균 증식을 억제한다.

④ 식욕을 좋게 하고, 콜레스테롤을 저하시키는 효과도 있다.

6. 호박산(Succinic acid)

1550년 독일의 지질학자인 아그리콜라(Agricola)가 화석(化石)이 된 수지(resin)인 호박을 건류하여 얻었다는 기록이 있기 때문에 호박산이라고도 한다.

화학식은 $HOOCCH_2CH_2COOH$이며, 구조식은 [그림 3-7]과 같다.

천연 식품에는 호박 속에 그 유도체가 함유되어 있으며, 생체 내에서는 산화·환원 과정에서 중요한 위치를 차지하고 있으며 생체 내에서 TCA 회로에 관여하고 있다.

TCA 회로에서는 α-케토글루타르산의 탈탄산에 의하여 활성 succinic acid(석신일 조효소 A)가 생긴다(34쪽, [그림 3-10] 참고).

호박산은 무색무취의 결정성 고체로서 뜨거운 물에는 잘 녹으나, 찬물에는 별로 녹지 않는다. 메탄올, 에탄올, 아세톤 등에도 녹으나 에테르에는 잘 녹지 않는다.

호박산은 특이한 산미를 가지고 있어 청주, 된장, 간장, 청량음료, 제과 등에 조미용으로 사용한다.

그 밖에 제약, 가소제, 락카, 염료, 항료 에스테르, 사진에 사용한다.

O
HO
OH
O
succinic acid

[그림 6-7] 호박산 구조

MEMO

제 II 부

천연발효 유럽빵 실습

화이트 사워 종 만들기

Cooking White Sourdough

1. 재료 준비: 유기농 강력분 8,100g, 물 8,100g

2. 인큐베이터(Incubator)의 배양 온도: 26℃

3. 1차 원종 만들기:

① 강력분 100g, 물 100g을 준비한다.

② 강력분에 26℃의 계량한 물을 넣고 고무주걱으로 균일하게 섞는다.

③ 1차 원종을 인큐베이터(Incubator)에서 24시간 배양한다.

4. 2차 원종 만들기:

① 1차 원종 전량, 강력분 200g, 물 200g을 준비한다.

② 1차 원종에 26℃의 계량한 물을 붓는다.

③ ②에 강력분을 넣고 고무주걱으로 균일하게 섞는다.

④ 2차 원종을 인큐베이터(Incubator)에서 24시간 배양한다.

5. 3차 원종 만들기:

① 2차 원종 전량, 강력분 600g, 물 600g을 준비한다.

② 2차 원종에 26℃의 계량한 물을 붓는다.

③ ②에 강력분을 넣고 고무주걱으로 균일하게 섞는다.

④ 3차 원종을 인큐베이터(Incubator)에서 12시간 배양한다.

[재료 배합]

3-①

[1차 완료점]

3-②

[2차 완료점]

4

6. 4차 원종 만들기:

① 3차 원종 전량, 강력분 1,800g, 물 1,800g을 준비한다.
② 3차 원종에 26℃의 계량한 물을 붓는다.
③ 믹싱 볼에 ②와 강력분을 넣고 믹서에 훅(hook)을 장착한 후 고속으로 믹싱하여 균일하게 섞는다.
④ 4차 원종을 인큐베이터(Incubator)에서 6시간 배양한다.

7. 5차 원종 만들기:

① 4차 원종 전량, 강력분 5,400g, 물 5,400g을 준비한다.
② 4차 원종에 26℃의 계량한 물을 붓는다.
③ 믹싱 볼에 ②와 강력분을 넣고 믹서에 훅(Hook)을 장착한 후 고속으로 믹싱하여 균일하게 섞는다.
④ 5차 원종을 인큐베이터(Incubator)에서 3시간 배양한다.

8. 보관과 사용기간:

완성된 5차 원종에 강력분 810g, 5℃의 물 810g을 넣어 섞은 후 5℃의 냉장고에서 여름에는 3일 정도, 겨울에는 6일 정도의 범위 안에서는 미생물의 개체수와 가스 발생력의 큰 편차 없이 사용이 가능하다.

9. 최종적으로 완성되는 원종의 양을 조절하는 방법:

원종의 계대배양패턴(원종 100: 강력분 100: 물 100)을 이해하고 필요로 하는 원종의 양에 맞추어 계대배양패턴에 대입한다.

[3차 완료점]

5

[4차 완료점]

6

[5차 완료점]

7

샌프란시스코 사워도우 브레드

San Francisco Sourdough Bread

공장제 이스트가 출시되기 이전에 샌프란시스코 지역에서 만든 화이트 사워도우로 만든 빵이다. 독특한 기후의 영향으로 밀가루에 착상된 효모균과 유산균의 종류와 그 비율이 다른 지역과 달라서 시큼함이 강렬한 것이 특징이다. 이러한 특징을 나타내기 위해서 묽은 형태의 화이트 사워종이 된 형태의 사전 반죽으로 바뀌었다.

배합표 생산수량: 700g, 4개

사전 반죽

재료	무게(g)
강력분	500
화이트 사워종	500
물	160
소금	10

본 반죽

재료	무게(g)
강력분	800
물	520
소금	20
당밀	20
몰트 엑기스	10
올리브유	30
화이트 사워종	300

1. 반죽

1) 사전 반죽의 형태는 르방 뒤흐

① 반죽의 온도는 겨울 : 27℃, 여름 : 25℃

② 한 덩이가 될 때까지 저속으로 믹싱한다.

③ 실온 숙성 : 35℃, 24시간

2) 본 반죽 : 26℃, 최종단계

① 믹싱 볼에 제일 먼저 사전 반죽과 화이트 사워종을 넣는다.

② ①에 강력분을 붓고 소금인 가루재료를 넣는다.

③ ②에 액체재료인 당밀, 몰트 엑기스는 물에 풀어 함께 넣는다.

④ ③에 올리브유를 넣고 저속 6분, 중속 3분 믹싱한다.

⑤ 완성된 반죽을 비닐봉지에 담아 발효시킨다.

Tip 1. 글루텐이 생성된 많은 양의 종 반죽이 본 반죽에 들어가므로 저속을 오래하여 모든 재료를 균일하게 혼합하며, 글루텐의 생성, 발전이 빠르므로 중속은 짧게 한다.

2. 반죽온도를 맞추기 위해 사워종은 여름에는 수업 전 냉장고에 보관하여 품온을 낮추고 겨울에는 종의 배양온도를 유지하여 사용한다. 물은 계절에 따라 온도를 적절히 조절하여 사용한다.

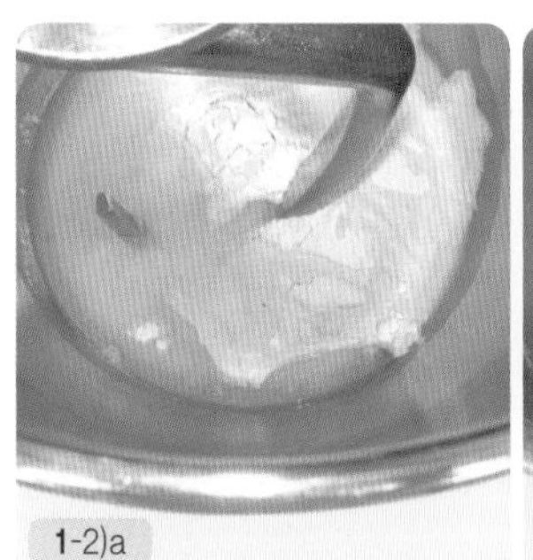

1-2)a

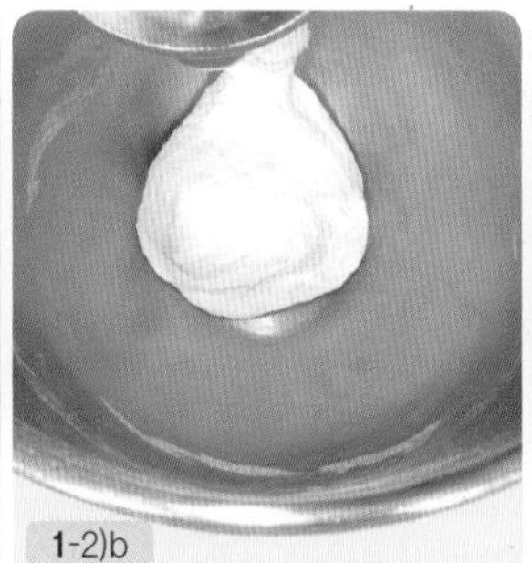

1-2)b

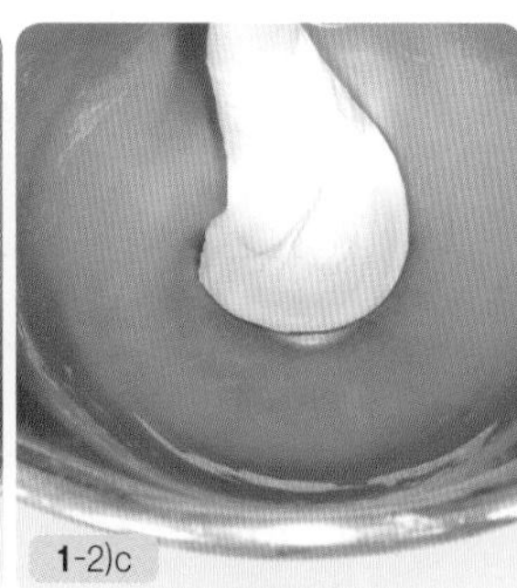

1-2)c

1-2)d

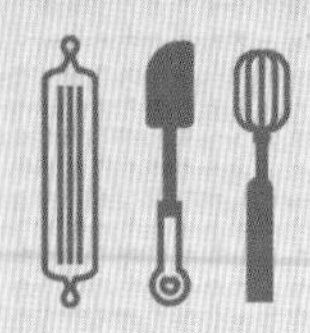

2. 1차 발효 : 계절, 작업장의 온도, 반죽의 양, 냉장고의 성능 등을 고려하여야 한다.

① 고온 발효 : 26℃, 0~60분

② 냉장 숙성 : 5℃, 12~72시간

③ 실온화 : 26℃, 60~120분

Tip 1. 고온 발효에서 미생물의 개체수를 증가시키고 미생물의 발효산물을 생성시킨다.

2. 냉장 숙성에서 작업시간과 숙성의 정도를 조절할 수 있다.

3. 실온화에서 반죽의 온도를 상승시켜 2차 발효시간을 단축시킨다.

3. 분할 : 700g, 4개

Tip 반죽과 발효 과정에서 형성된 글루텐 막의 손상이 최소화 될 수 있도록 대강의 반죽 무게를 짐작하여 한두 번의 반죽 가감으로 제시된 분할중량에 맞게 나눈다.

4. 둥글리기

Tip 1. 냉장 숙성한 반죽은 반죽에서 차가운 기운을 빼기 위하여 단단하게 둥글리기 한다.

2. 양손으로 반죽을 살짝 감싸고 양손 날은 작업대 위에 붙여 한 방향 원형으로 굴린다. 반죽을 한 방향 원형으로 굴리면서 표피가 찢어지지 않도록 주의하면서 표면이 매끄럽고 모양과 크기가 일정하도록 둥글린다.

5. 중간 발효 : 10분

Tip 중간 발효시간과 발효장소는 성형 시 필요한 반죽의 신장성과 가소성, 계절과 작업장의 온도를 감안하여 결정한다. 발효장소(작업대 혹은 발효실)

6. 정형 : 가볍게 다시 둥글리기 한다.

7. 팬닝 : 덧가루를 충분히 뿌려 준 후 반느통에 넣는다.

8. 2차 발효 : 30~32℃, 75%, 70~90분

Tip 2차 발효는 가장 짧은 시간 안에 제빵사가 원하는 크기로 반죽을 부풀리고 완제품의 특징에 맞는 질감과 식감을 부여하는 공정이다.

9. 굽기 전 : 실리콘 페이퍼 위에 반죽을 놓고 반죽의 윗면에 칼집을 낸다.

Tip 1. 균일한 간격을 유지할 수 있도록 2차 발효한 반죽을 실리콘 페이퍼 위에 배열한다. 굽기 시 빵의 옆면은 대류에 의해 균일한 착색이 유도되기 때문이다.

2. 반죽의 윗면에 칼집을 내면 굽기 시 생성되는 가스가 그곳을 통해 배출되어 기형적 터짐을 방지할 수 있다.

10. 굽기 : 160℃/230℃ 분무 후 반죽을 넣고 240℃/180℃ 28분

Tip 1. 천연발효 반죽의 굽기 시 팽창은 1차 발효 시 생성된 발효 산물의 휘발에 의해 팽창되는 오븐 스프링이다. 따라서 일반적으로 실리콘페이퍼 위에 반죽을 놓고 아랫불을 높게 설정하여 굽기를 한다.

2. 굽기 시 스팀을 분사하면 반죽의 외피에 수막을 형성하여 껍질의 형성을 늦춘다. 그러면 반죽의 오븐 스프링이 커져 완제품의 부피가 크다. 부수적으로 반죽의 외피가 기형적으로 터지는 것을 방지하고 빵의 껍질을 얇게 하고 윤기나게 한다.

8

9

10

크랜베리 스틱

Cranberry Stick

화이트 사워종을 묽은 형태의 종 반죽으로 만들어 사용하면 비교적 순한 신맛의 천연발효 빵을 만들 수 있다. 그러나 이런 순한 신맛에도 익숙하지 않은 사람들을 위하여 건크랜베리의 신맛으로 감추어 신맛에 대한 거부감을 줄인다.

배합표 생산수량: 360g, 7개

재료	무게(g)
화이트 사워종	1,000
강력분	1,000
물	400
소금	24
건크랜베리	250

1. 반죽 : 26℃, 최종단계

① 믹싱 볼에 제일 먼저 종 반죽을 넣는다.

② ①에 강력분을 붓고 소금을 넣는다.

③ ②에 액체재료인 물을 넣고 저속 6분, 중속 3분 믹싱한다.

④ ③ 에 건크랜베리를 넣고 저속으로 균일하게 섞는다.

⑤ 완성된 반죽을 비닐봉지에 담아 발효시킨다.

Tip **1.** 글루텐이 생성된 많은 양의 종 반죽이 본 반죽에 들어가므로 저속을 오래하여 모든 재료를 균일하게 혼합하며, 글루텐의 생성, 발전이 빠르므로 중속은 짧게 한다.

2. 반죽온도를 맞추기 위해 사워종은 여름에는 수업 전 냉장고에 보관하여 품온을 낮추고 겨울에는 종의 배양온도를 유지하여 사용한다. 물은 계절에 따라 온도를 적절히 조절하여 사용한다.

3. 건크랜베리는 수돗물에 가볍게 씻은 후 찜기로 30~40분 정도 쪄서 사용한다.

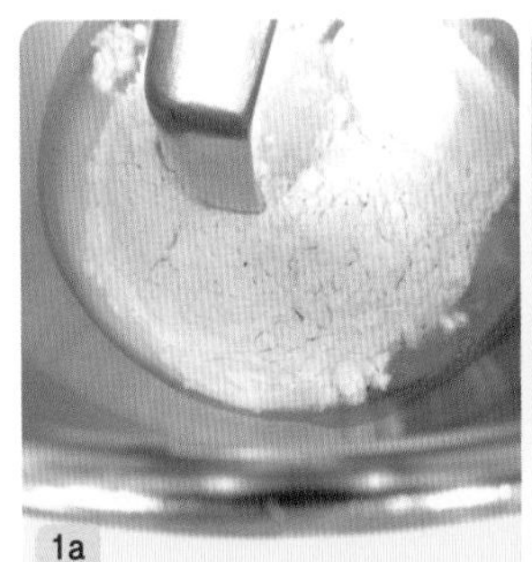
1a

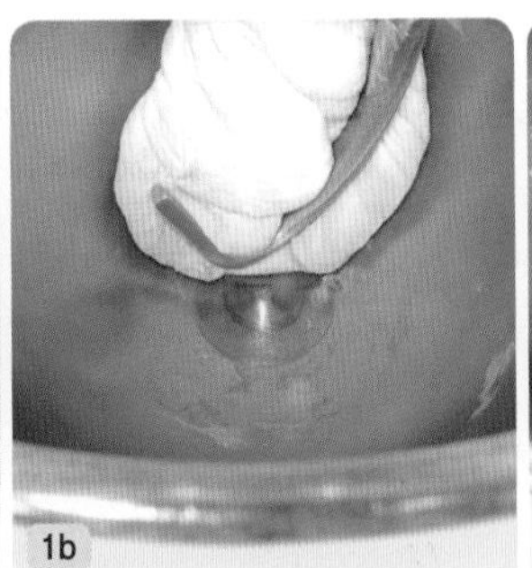
1b

1c

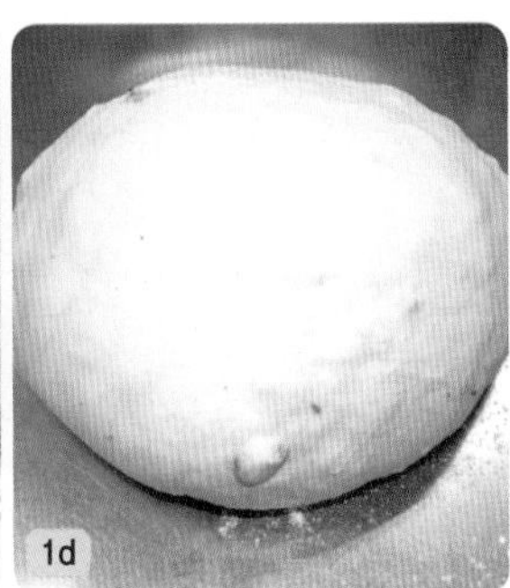
1d

2. 1차 발효 : 계절, 작업장의 온도, 반죽의 양, 냉장고의 성능 등을 고려하여야 한다.

① 고온 발효 : 27℃, 0~60분

② 냉장 숙성 : 5℃, 12~72시간

③ 실온화 : 27℃, 60~120분

Tip 1. 고온 발효에서 미생물의 개체수를 증가시키고 미생물의 발효산물을 생성시킨다.

2. 냉장 숙성에서 작업시간과 숙성의 정도를 조절할 수 있다.

3. 실온화에서 반죽의 온도를 상승시켜 2차 발효시간을 단축시킨다.

3. 분할 : 360g, 7개

Tip 반죽과 발효 과정에서 형성된 글루텐 막의 손상이 최소화 될 수 있도록 대강의 반죽 무게를 짐작하여 한두 번의 반죽 가감으로 제시된 분할중량에 맞게 나눈다.

4. 둥글리기

Tip 1. 냉장 숙성한 반죽은 반죽에서 차가운 기운을 빼기 위하여 단단하게 둥글리기 한다.

2. 반죽의 표피를 작업대 바닥을 향하게 놓고 두 손으로 말아 타원형으로 둥글린다.

5. 중간 발효 : 20분

Tip 중간 발효시간과 발효장소는 성형 시 필요한 반죽의 신장성과 가소성, 계절과 작업장의 온도를 감안하여 결정한다. 발효장소(작업대 혹은 발효실)

6. 정형 : 35㎝ 길이의 막대기형으로 만든다.

7. 팬닝 : 면포 위에 정형한 반죽을 놓는다.

Tip 천연발효 반죽은 발효 미생물이 생성시킨 발효산물인 유기산에 의해 단백질과 탄수화물이 용해되어 끈적임이 많다. 그러므로 정형한 반죽의 표면에 덧가루를 충분히 묻혀야 면포에서 잘 떨어진다.

2a

2b

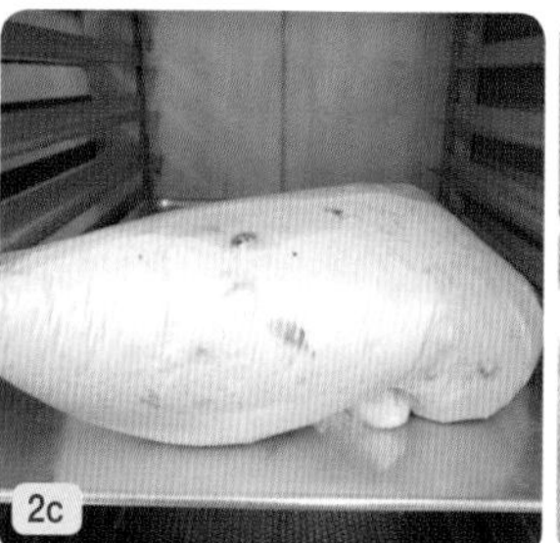
2c

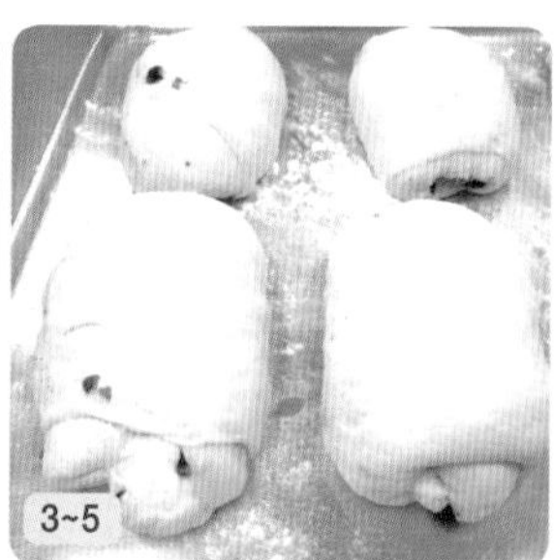
3~5

8. 2차 발효 : 30~32℃, 75%, 70~90분

Tip 2차 발효는 가장 짧은 시간 안에 제빵사가 원하는 크기로 반죽을 부풀리고 완제품의 특징에 맞는 질감과 식감을 부여하는 공정이다.

9. 굽기 전 : 실리콘 페이퍼 위에 반죽을 놓고 반죽의 윗면에 칼집을 낸다.

Tip 1. 균일한 간격을 유지할 수 있도록 2차 발효한 반죽을 실리콘 페이퍼 위에 배열한다. 굽기 시 빵의 옆면은 대류에 의해 균일한 착색이 유도되기 때문이다.

2. 반죽의 윗면에 칼집을 내면 굽기 시 생성되는 가스가 그곳을 통해 배출되어 기형적 터짐을 방지할 수 있다.

10. 굽기 : 160℃/230℃ 분무 후 반죽을 넣고 240℃/180℃ 25분

Tip 1. 천연발효 반죽의 굽기 시 팽창은 1차 발효 시 생성된 발효산물의 휘발에 의해 팽창되는 오븐 스프링이다. 따라서 일반적으로 실리콘페이퍼 위에 반죽을 놓고 아랫불을 높게 설정하여 굽기를 한다.

2. 굽기 시 스팀을 분사하면 반죽의 외피에 수막을 형성하여 껍질의 형성을 늦춘다. 그러면 반죽의 오븐 스프링이 커져 완제품의 부피가 크다. 부수적으로 반죽의 외피가 기형적으로 터지는 것을 방지하고 빵의 껍질을 얇게 하고 윤기나게 한다.

8

9

10

라이 브레드

Rye Hearth Bread

묽은 형태의 화이트 사워종을 사전 반죽으로 호밀빵 본 반죽에 넣으면, 유산발효에 의하여 호밀가루에 점성을 줌으로써 가스 보유력이 향상되고 반죽의 형성을 쉽도록 해준다. 또한, 가스 발생력이 좋아 부피가 크면서 비교적 순한 신맛의 천연발효 호밀빵을 만들 수 있다.

배합표 생산수량: 240g, 10개

재료	무게(g)
화이트 사워종	1,000
강력분	500
호밀가루	500
물	445
설탕	38
소금	22

1. 반죽 : 26℃, 최종단계

① 믹싱 볼에 제일 먼저 종 반죽을 넣는다.

② ①에 강력분과 호밀가루를 붓고 소금, 설탕을 넣는다.

③ ②에 액체재료인 물을 넣고 저속 6분, 중속 1분 믹싱한다.

④ ③완성된 반죽을 비닐봉지에 담아 발효시킨다.

Tip **1.** 글루텐이 생성된 많은 양의 종 반죽과 글루텐을 형성할 수 있는 단백질 함량이 적은 호밀가루가 본 반죽에 들어가므로 저속으로만 오래하여 모든 재료를 균일하게 혼합한다.

2. 반죽온도를 맞추기 위해 사워종은 여름에는 수업 전 냉장고에 보관하여 품온을 낮추고 겨울에는 종의 배양온도를 유지하여 사용한다. 물은 계절에 따라 온도를 적절히 조절하여 사용한다.

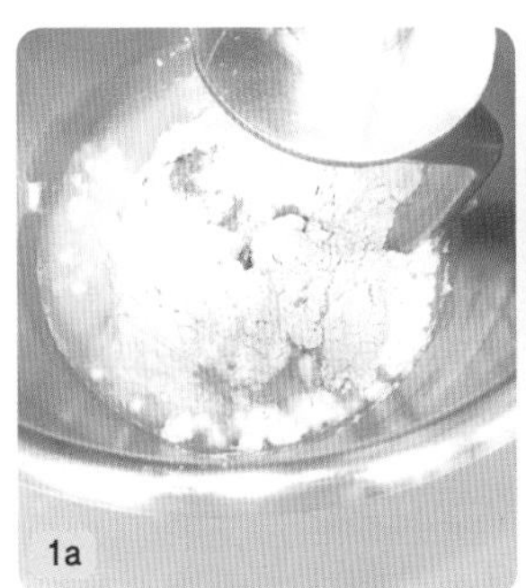
1a

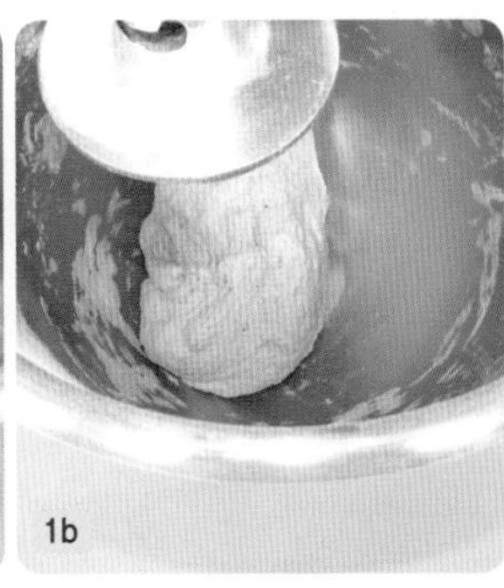
1b

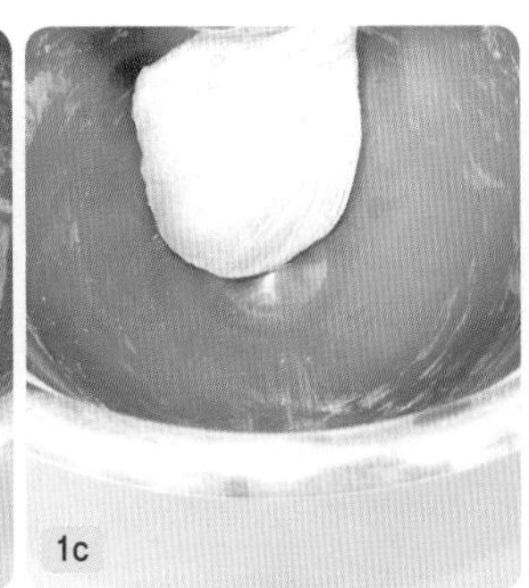
1c

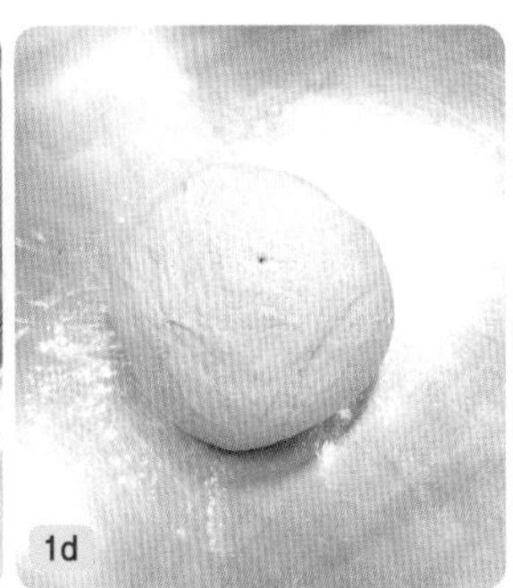
1d

2. 1차 발효 : 계절, 작업장의 온도, 반죽의 양, 냉장고의 성능 등을 고려하여야 한다.

① 고온 발효 : 27℃, 0~60분

② 냉장 숙성 : 5℃, 12~72시간

③ 실온화 : 27℃, 60~120분

Tip 1. 고온 발효에서 미생물의 개체수를 증가시키고 미생물의 발효산물을 생성시킨다.

2. 냉장 숙성에서 작업시간과 숙성의 정도를 조절할 수 있다.

3. 실온화에서 반죽의 온도를 상승시켜 2차 발효시간을 단축시킨다.

3. 분할 : 240g, 10개

Tip 반죽과 발효 과정에서 형성된 글루텐 막의 손상이 최소화 될 수 있도록 대강의 반죽 무게를 짐작하여 한두 번의 반죽 가감으로 제시된 분할중량에 맞게 나눈다.

4. 둥글리기

Tip 1. 냉장 숙성한 반죽은 반죽에서 차가운 기운을 빼기 위하여 단단하게 둥글리기 한다.

2. 양손으로 반죽을 살짝 감싸고 양손 날은 작업대 위에 붙여 한 방향 원형으로 굴린다. 반죽을 한 방향 원형으로 굴리면서 표피가 찢어지지 않도록 주의하면서 표면이 매끄럽고 모양과 크기가 일정하도록 둥글린다.

5. 중간 발효 : 20분

Tip 중간 발효시간과 발효장소는 성형 시 필요한 반죽의 신장성과 가소성, 계절과 작업장의 온도를 감안하여 결정한다. 발효장소(작업대 혹은 발효실)

6. 정형 : 타원형으로 만든다.

7. 팬닝 : 면포 위에 정형한 반죽을 놓는다.

Tip 천연발효 반죽은 발효 미생물이 생성시킨 발효산물인 유기산에 의해 단백질과 탄수화물이 용해되어 끈적임이 많다. 그러므로 정형한 반죽의 표면에 덧가루를 충분히 묻혀야 면포에서 잘 떨어진다.

8. 2차 발효 : 30~32℃, 75%, 70~90분

Tip 2차 발효는 가장 짧은 시간 안에 제빵사가 원하는 크기로 반죽을 부풀리고 완제품의 특징에 맞는 질감과 식감을 부여하는 공정이다.

9. 굽기 전

- 2차 발표가 끝난 반죽 윗부분에 붓으로 가볍게 물을 바른다.
- 접시에 깨를 준비해 반죽 윗부분을 접시에 둥글려 깨를 묻혀준다.
- 실리콘 페이퍼 위에 반죽을 놓고 반죽의 윗면에 칼집을 낸다.

10. 굽기 : 160℃/230℃ 분무 후 반죽을 넣고 240℃/180℃ 22분

Tip **1.** 천연발효 반죽의 굽기 시 팽창은 1차 발효 시 생성된 발효산물의 휘발에 의해 팽창되는 오븐 스프링이다. 따라서 일반적으로 실리콘페이퍼 위에 반죽을 놓고 아랫불을 높게 설정하여 굽기를 한다.

2. 굽기 시 스팀을 분사하면 반죽의 외피에 수막을 형성하여 껍질의 형성을 늦춘다. 그러면 반죽의 오븐 스프링이 커져 완제품의 부피가 크다. 부수적으로 반죽의 외피가 기형적으로 터지는 것을 방지하고 빵의 껍질을 얇게 하고 윤기나게 한다.

8

9

10

레즌 누아

Pain au Raisin Noix

화이트 사워종을 묽은 형태의 종 반죽으로 만들어 사용하면 비교적 순한 신맛의 천연발효 빵을 만들 수 있다. 그러나 이런 순한 신맛에도 익숙하지 않은 사람들을 위하여 신맛을 건포도의 신맛과 호두의 고소한 맛으로 감추어 신맛에 대한 거부감을 줄인다.

배합표 생산수량: 310g, 9개

재료	무게(g)
화이트 사워종	1,000
강력분	1,000
몰트 엑기스	10
당밀	30
올리브유	30
흰자	30
소금	28
물	450
건포도	100
호두	150

1. 반죽 : 27℃, 최종단계

① 믹싱 볼에 제일 먼저 종 반죽을 넣는다.

② ①에 강력분을 붓고 소금인 가루재료를 넣는다.

③ ②에 액체재료인 흰자, 당밀, 몰트 엑기스는 물에 풀어 함께 넣는다.

④ ③에 올리브유를 넣고 저속 6분, 중속 4분 믹싱한다.

⑤ ④에 건포도와 호두를 넣고 저속으로 균일하게 섞는다.

⑥ 완성된 반죽을 비닐봉지에 담아 발효시킨다.

Tip

1. 글루텐이 생성된 많은 양의 종 반죽이 본 반죽에 들어가므로 저속으로만 오래하여 모든 재료를 균일하게 혼합한다.

2. 반죽온도를 맞추기 위해 사워종은 여름에는 수업 전 냉장고에 보관하여 품온을 낮추고 겨울에는 종의 배양온도를 유지하여 사용한다. 물은 계절에 따라 온도를 적절히 조절하여 사용한다.

3. 건포도는 수돗물에 가볍게 씻은 후 찜기로 30~40분 정도 쪄서 사용한다.

1a

1b

1c

1d

2. 1차 발효 : 계절, 작업장의 온도, 반죽의 양, 냉장고의 성능 등을 고려하여야 한다.

① 고온 발효 : 27℃, 0~60분

② 냉장 숙성 : 5℃, 12~72시간

③ 실온화 : 27℃, 60~120분

Tip 1. 고온 발효에서 미생물의 개체수를 증가시키고 미생물의 발효산물을 생성시킨다.

2. 냉장 숙성에서 작업시간과 숙성의 정도를 조절할 수 있다.

3. 실온화에서 반죽의 온도를 상승시켜 2차 발효시간을 단축시킨다.

3. 분할 : 310g, 9개

Tip 반죽과 발효 과정에서 형성된 글루텐 막의 손상이 최소화 될 수 있도록 대강의 반죽 무게를 짐작하여 한두 번의 반죽 가감으로 제시된 분할중량에 맞게 나눈다.

4. 둥글리기

Tip 1. 냉장 숙성한 반죽은 반죽에서 차가운 기운을 빼기 위하여 단단하게 둥글리기 한다.

2. 양손으로 반죽을 살짝 감싸고 양손 날은 작업대 위에 붙여 한 방향 원형으로 굴린다. 반죽을 한 방향 원형으로 굴리면서 표피가 찢어지지 않도록 주의하면서 표면이 매끄럽고 모양과 크기가 일정하도록 둥글린다.

5. 중간 발효 : 20분

Tip 중간 발효시간과 발효장소는 성형 시 필요한 반죽의 신장성과 가소성, 계절과 작업장의 온도를 감안하여 결정한다. 발효장소(작업대 혹은 발효실)

6. 정형 : 21㎝ 길이의 막대기형으로 만든다.

7. 팬닝 : 면포 위에 정형한 반죽을 놓는다.

Tip 천연발효 반죽은 발효 미생물이 생성시킨 발효산물인 유기산에 의해 단백질과 탄수화물이 용해되어 끈적임이 많다. 그러므로 정형한 반죽의 표면에 덧가루를 충분히 묻혀야 면포에서 잘 떨어진다.

8. 2차 발효 : 30~32℃, 75%, 70~90분

Tip 2차 발효는 가장 짧은 시간 안에 제빵사가 원하는 크기로 반죽을 부풀리고 완제품의 특징에 맞는 질감과 식감을 부여하는 공정이다.

9. 굽기 전 : 실리콘 페이퍼 위에 반죽을 놓고 반죽의 윗면에 칼집을 낸다.

Tip **1.** 균일한 간격을 유지할 수 있도록 2차 발효한 반죽을 실리콘 페이퍼 위에 배열한다. 굽기 시 빵의 옆면은 대류에 의해 균일한 착색이 유도되기 때문이다.

2. 반죽의 윗면에 칼집을 내면 굽기 시 생성되는 가스가 그 곳을 통해 배출되어 기형적 터짐을 방지할 수 있다.

10. 굽기 : 160℃/230℃ 분무 후 반죽을 넣고 240℃/180℃ 24분

Tip **1.** 천연발효 반죽의 굽기 시 팽창은 1차 발효 시 생성된 발효산물의 휘발에 의해 팽창되는 오븐 스프링이다. 따라서 일반적으로 실리콘페이퍼 위에 반죽을 놓고 아랫불을 높게 설정하여 굽기를 한다.

2. 굽기 시 스팀을 분사하면 반죽의 외피에 수막을 형성하여 껍질의 형성을 늦춘다. 그러면 반죽의 오븐 스프링이 커져 완제품의 부피가 크다. 부수적으로 반죽의 외피가 기형적으로 터지는 것을 방지하고 빵의 껍질을 얇게 하고 윤기나게 한다.

8

9

10

호밀 사워종
Rye Sourdough starter

호밀 사워종 만들기
Cooking Rye Sourdough Starter

1. 재료 준비: 유기농 호밀 8,100g, 물 8,100g

2. 인큐베이터(Incubator)의 배양 온도: 26℃

3. 1차 원종 만들기 :

① 호밀 100g, 물 100g을 준비한다.
② 호밀에 26℃의 계량한 물을 넣고 고무주걱으로 균일하게 섞는다.
③ 1차 원종을 인큐베이터(Incubator)에서 24시간 배양한다.

4. 2차 원종 만들기 :

① 1차 원종 전량, 호밀 200g, 물 200g을 준비한다.
② 1차 원종에 26℃의 계량한 물을 붓는다.
③ ②에 호밀을 넣고 고무주걱으로 균일하게 섞는다.
④ 2차 원종을 인큐베이터(Incubator)에서 24시간 배양한다.

5. 3차 원종 만들기 :

① 2차 원종 전량, 호밀 600g, 물 600g을 준비한다.
② 2차 원종에 26℃의 계량한 물을 붓는다.
③ ②에 호밀을 넣고 고무주걱으로 균일하게 섞는다.
④ 3차 원종을 인큐베이터(Incubator)에서 12시간 배양한다.

[재료 배합]

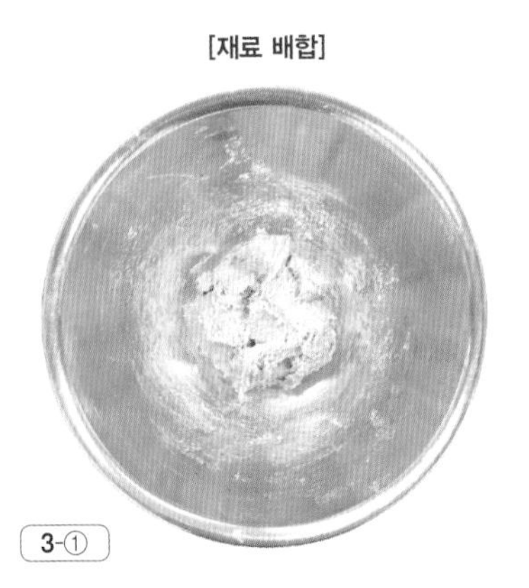

3-①

[1차 완료점]

3-②

[2차 완료점]

4

6. 4차 원종 만들기 :

① 3차 원종 전량, 호밀 1,800g, 물 1,800g을 준비한다.
② 3차 원종에 26℃의 계량한 물을 붓는다.
③ 믹싱 볼에 ②와 호밀을 넣고 믹서에 훅(Hook)을 장착한 후 고속으로 믹싱하여 균일하게 섞는다.
④ 4차 원종을 인큐베이터(Incubator)에서 6시간 배양한다.

7. 5차 원종 만들기 :

① 4차 원종 전량, 호밀 5,400g, 물 5,400g을 준비한다.
② 4차 원종에 26℃의 계량한 물을 붓는다.
③ 믹싱 볼에 ②와 호밀을 넣고 믹서에 훅(Hook)을 장착한 후 고속으로 믹싱하여 균일하게 섞는다.
④ 5차 원종을 인큐베이터(Incubator)에서 3시간 배양한다.

8. 보관과 사용기간:

완성된 5차 원종에 호밀 810g, 5℃의 물 810g을 넣어 섞은 후 5℃의 냉장고에서 여름에는 3일 정도, 겨울에는 6일 정도의 범위 안에서는 미생물의 개체수와 가스 발생력의 큰 편차 없이 사용이 가능하다.

9. 최종적으로 완성되는 원종의 양을 조절하는 방법:

원종의 계대배양패턴(원종 100: 호밀 100: 물 100)을 이해하고 필요로 하는 원종의 양에 맞추어 계대배양패턴에 대입한다.

[3차 완료점]

5

[4차 완료점]

6

[5차 완료점]

7

펌퍼니클
Pumpernickel

호밀가루를 100% 사용한 호밀빵으로 호밀에서 유산균을 채취·배양하여 호밀을 숙성시켜 생리활성 성분과 영양성분을 효율적으로 소화 흡수할 수 있는 상태로 만든다. 호밀 사워종을 사용하므로 강렬한 시큼함이 특징이다. 이러한 특징을 나타내기 위해 묽은 형태의 호밀 사워종을 된 형태의 사전 반죽으로 바뀌었다.

배합표 생산수량: 880g, 4개

사전 반죽 1

재료	무게(g)
호밀가루	240
물	140

사전 반죽 2

재료	무게(g)
호밀가루	600
호밀 사워종	300
물	270

본 반죽

재료	무게(g)
호밀가루	500
호밀 사워종	500
소금	34
물	550
올리브유	46
몰트 엑기스	16

1. 반죽 : 27℃, 픽업단계

1) 사전 반죽의 형태는 된 오토리즈 반죽

① 반죽 온도 : 25℃

② 반죽이 한 덩이가 될 때까지 손 반죽 한다.

③ 실온 숙성 : 18℃, 24시간

2) 사전 반죽의 형태는 르방 뒤흐

① 반죽 온도 : 24℃

② 믹싱 볼에 제일 먼저 호밀 사워종을 모두 넣는다.

③ ②에 호밀가루를 넣는다.

④ ③에 액체재료인 물을 넣고 저속 8분 믹싱한다.

⑤ 완성된 반죽을 비닐봉지에 담아 발효시킨다.

⑥ 실온 숙성 : 18℃, 24시간

1-1)a 1-1)b

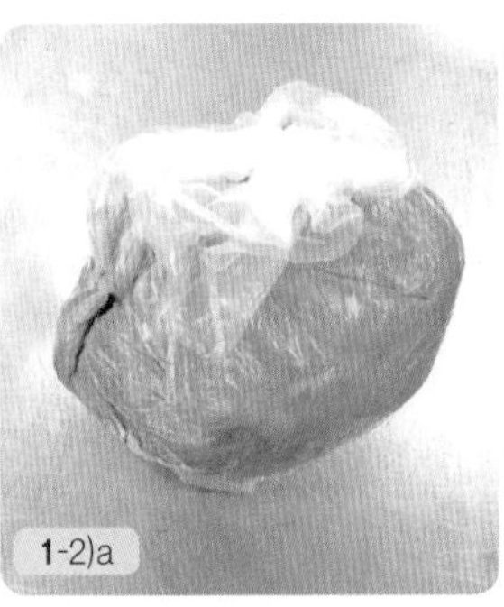

1-2)a

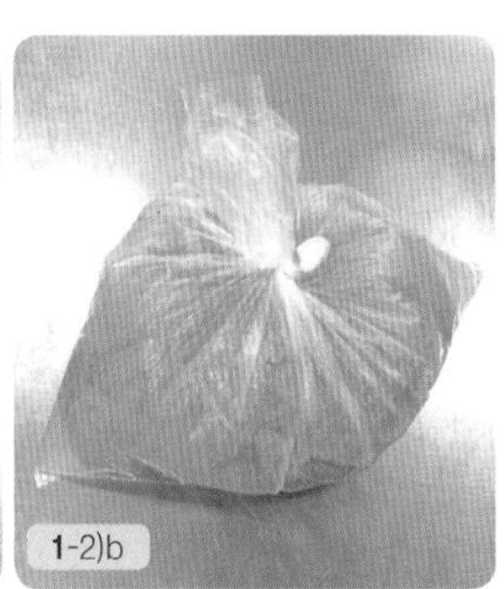

1-2)b

3) 본 반죽 : 24℃, 픽업단계

① 믹싱 볼에 제일 먼저 두 종류의 통밀 사워중과 호밀 사워종을 넣는다.

② ①에 호밀가루를 붓고 소금인 가루재료를 넣는다.

③ ②에 액체재료인 몰트 엑기스는 물에 풀어 함께 넣는다.

④ ③에 올리브유를 넣고 저속 1분 믹싱한다.

⑤ ④에 두 종류의 사전 반죽을 넣고 저속 8분 믹싱한다.

⑥ 믹싱 중간에 스크랩핑을 자주하여 재료가 균일하게 잘 섞이도록 한다.

⑦ 믹싱 완료 후 반죽을 플라스틱 스크레이퍼로 잘 모아 준다.

Tip 1. 많은 양의 사전 반죽과 종 반죽이 본 반죽에 들어가므로 저속을 오래하여 모든 재료를 균일하게 혼합하기만 한다.

2. 반죽온도를 맞추기 위해 사워종은 여름에는 수업 전 냉장고에 보관하여 품온을 낮추고 겨울에는 종의 배양온도를 유지하여 사용한다. 물은 계절에 따라 온도를 적절히 조절하여 사용한다.

2. 휴지 : 작업대 위에 반죽을 올려놓고 5분간 휴지시켜 준다.

Tip 숙성을 많이 시킨 두 종류의 사전 반죽과 종 반죽이 본 반죽에서 많은 양을 차지하므로 1차 발효는 짧은 휴지로 대신한다.

3. 분할 : 880g, 4개

Tip 반죽과 발효 과정에서 형성된 글루텐 막의 손상이 최소화 될 수 있도록 대강의 반죽 무게를 짐작하여 한두 번의 반죽 가감으로 제시된 분할중량에 맞게 나눈다.

4. 정형 : 가볍게 둥글리기 한다.

Tip 양손으로 반죽을 살짝 감싸고 양손 날은 작업대 위에 붙여 한 방향 원형으로 굴린다. 반죽을 한 방향 원형으로 굴리면서 표피가 찢어지지 않도록 주의하면서 표면이 매끄럽고 모양과 크기가 일정하도록 둥글린다.

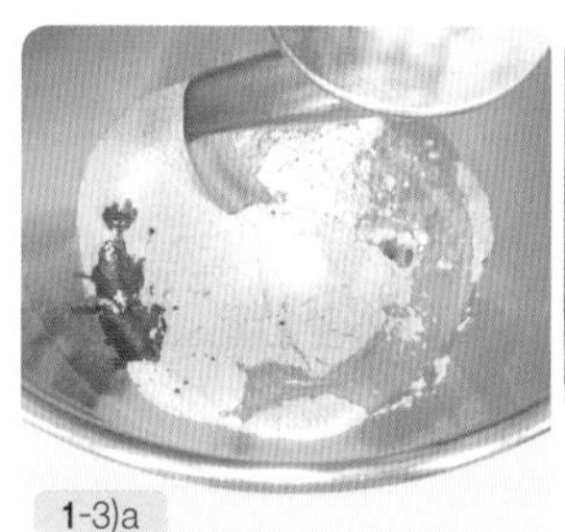

1-3)a

1-3)b

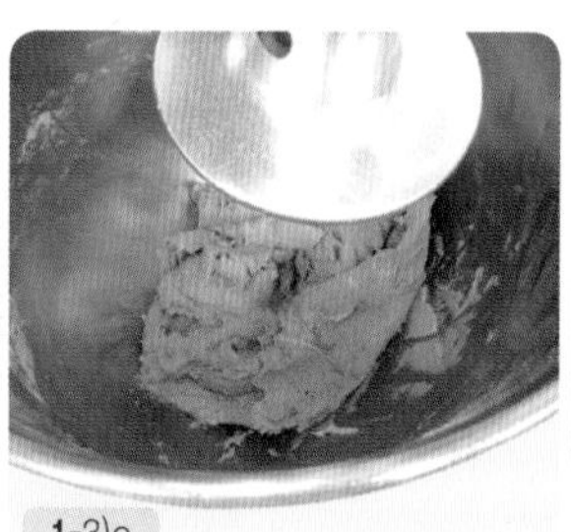

1-3)c

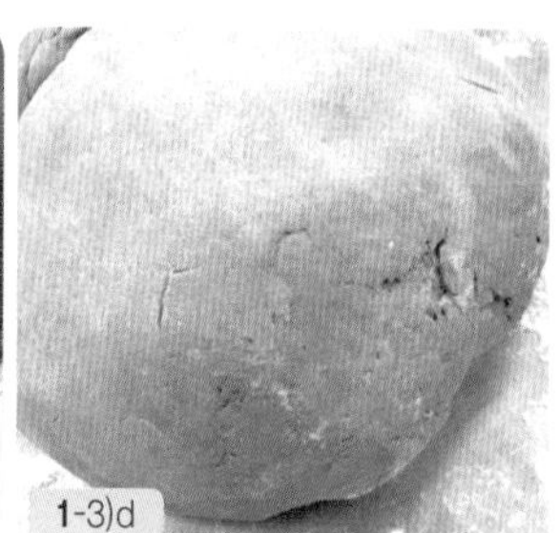

1-3)d

5. 팬닝 : 스테인리스 볼에 면포를 깔고 덧가루를 충분히 뿌린 후 반죽을 담아 준다.

Tip 천연발효 반죽은 발효 미생물이 생성시킨 발효산물인 유기산에 의해 단백질과 탄수화물이 용해되어 끈적임이 많다. 그러므로 정형한 반죽의 표면에 덧가루를 충분히 묻혀야 면포에서 잘 떨어진다.

6. 2차 발효 : 28℃, 75%, 180분

Tip 2차 발효는 가장 짧은 시간 안에 제빵사가 원하는 크기로 반죽을 부풀리고 완제품의 특징에 맞는 질감과 식감을 부여하는 공정이다.

7. 굽기 : 160℃/230℃ 분무 후 반죽을 넣고 240℃/200℃ 40분

Tip **1.** 천연발효 반죽의 굽기 시 팽창은 1차 발효 시 생성된 발효산물의 휘발에 의해 팽창되는 오븐 스프링이다. 따라서 일반적으로 실리콘페이퍼 위에 반죽을 놓고 아랫불을 높게 설정하여 굽기를 한다.

2. 굽기 시 스팀을 분사하면 반죽의 외피에 수막을 형성하여 껍질의 형성을 늦춘다. 그러면 반죽의 오븐 스프링이 커져 완제품의 부피가 크다. 부수적으로 반죽의 외피가 기형적으로 터지는 것을 방지하고 빵의 껍질을 얇게 하고 윤기나게 한다.

6a

6b

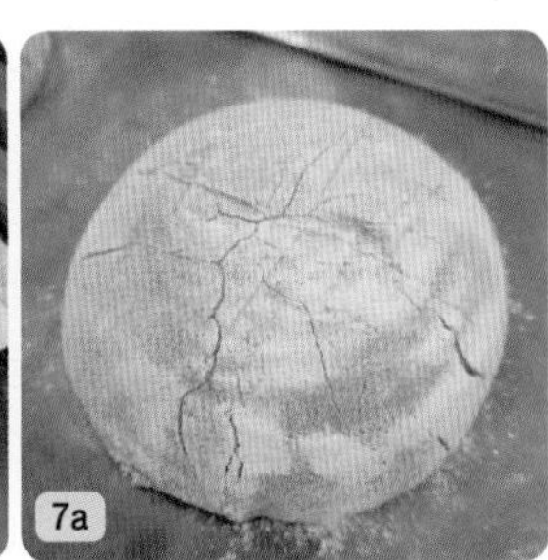
7a

7b

팽 오 크랜베리 세이글

Pain au Cranberry Seigle

호밀 사워종을 묽은 형태의 종 반죽으로 만들어 사용하면 된 형태의 호밀 사워종보다 비교적 순한 신맛의 천연발효 빵을 만들 수 있다. 그러나 이러한 순한 신맛에도 익숙하지 않은 사람들을 위하여 건크랜베리의 신맛으로 감추어 호밀빵의 신맛에 대한 거부감을 줄였다.

배합표 생산수량: 265g, 10개

재료	무게(g)
강력분	1,000
호밀 사워종	1,000
소금	24
설탕	30
분유	30
올리브유	45
물	445
건크랜베리	200

1. 반죽 : 24℃, 최종 단계

① 믹싱 볼에 제일 먼저 종 반죽을 넣는다.

② ①에 강력분을 붓고 가루재료인 소금, 설탕, 분유를 넣는다.

③ ②에 액체재료인 물을 넣는다.

④ ③에 올리브유를 넣고 저속 6분, 중속 2분 믹싱한다.

⑤ ④에 건크랜베리를 넣고 저속으로 균일하게 섞는다.

⑥ 완성된 반죽을 비닐봉지에 담아 발효시킨다.

Tip

1. 글루텐이 생성된 많은 양의 종 반죽과 글루텐을 형성할 수 있는 단백질 함량이 적은 호밀가루가 본 반죽에 들어가므로 저속으로만 오래하여 모든 재료를 균일하게 혼합한다.

2. 반죽온도를 맞추기 위해 사워종은 여름에는 수업 전 냉장고에 보관하여 품온을 낮추고 겨울에는 종의 배양온도를 유지하여 사용한다. 물은 계절에 따라 온도를 적절히 조절하여 사용한다.

3. 건크랜베리는 수돗물에 가볍게 씻은 후 찜기로 30~40분 정도 쪄서 사용한다.

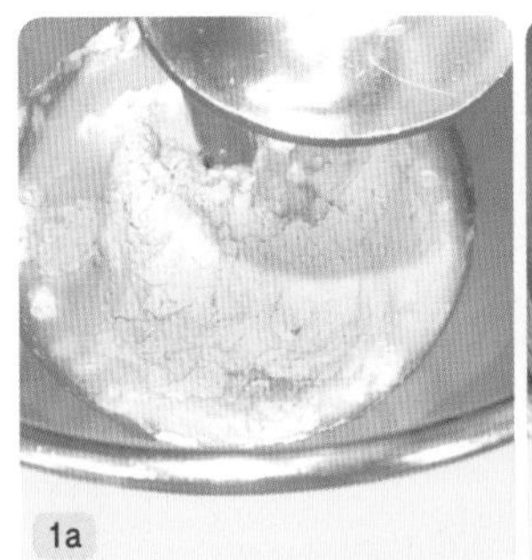
1a

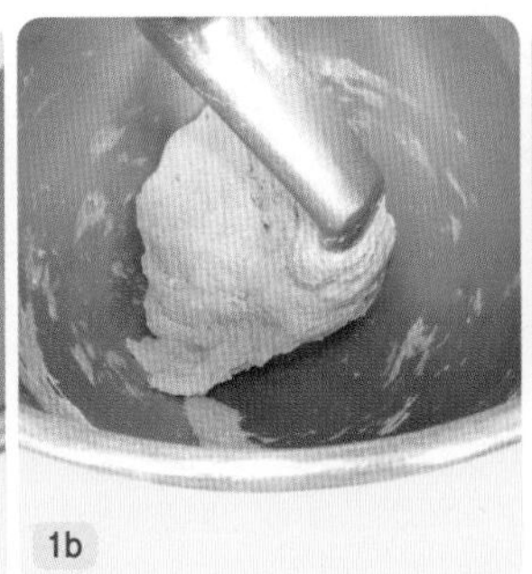
1b

1c

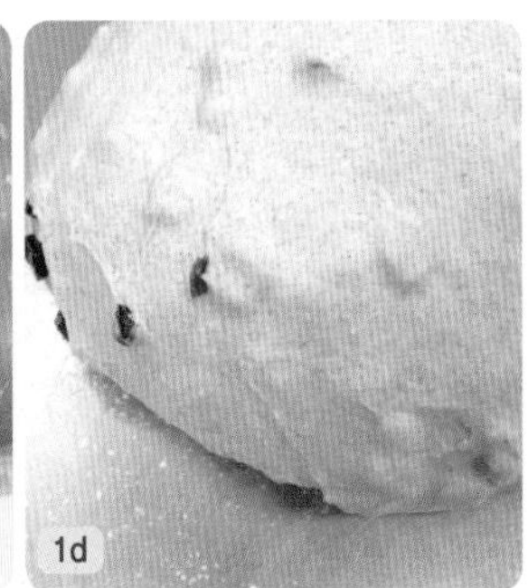
1d

2. **1차 발효** : 계절, 작업장의 온도, 반죽의 양, 냉장고의 성능 등을 고려하여야 한다.

① 고온 발효 : 27℃, 0~60분

② 냉장 숙성 : 5℃, 12~72시간

③ 실온화 : 27℃, 60~120분

Tip 1. 고온 발효에서 미생물의 개체수를 증가시키고 미생물의 발효산물을 생성시킨다.

2. 냉장 숙성에서 작업시간과 숙성의 정도를 조절할 수 있다.

3. 실온화에서 반죽의 온도를 상승시켜 2차 발효시간을 단축시킨다.

3. **분할** : 265g, 10개

Tip 반죽과 발효 과정에서 형성된 글루텐 막의 손상이 최소화 될 수 있도록 대강의 반죽 무게를 짐작하여 한두 번의 반죽 가감으로 제시된 분할중량에 맞게 나눈다.

4. **둥글리기**

Tip 1. 냉장 숙성한 반죽은 반죽에서 차가운 기운을 빼기 위하여 단단하게 둥글리기 한다.

2. 양손으로 반죽을 살짝 감싸고 양손 날은 작업대 위에 붙여 한 방향 원형으로 굴린다. 반죽을 한 방향 원형으로 굴리면서 표피가 찢어지지 않도록 주의하면서 표면이 매끄럽고 모양과 크기가 일정하도록 둥글린다.

5. **중간 발효** : 20분

Tip 중간 발효시간과 발효장소는 성형 시 필요한 반죽의 신장성과 가소성, 계절과 작업장의 온도를 감안하여 결정한다. 발효장소(작업대 혹은 발효실)

6. **정형** : 타원형으로 말아 준 후 양끝 모서리를 반죽 아래로 살짝 넣어준다.

2a

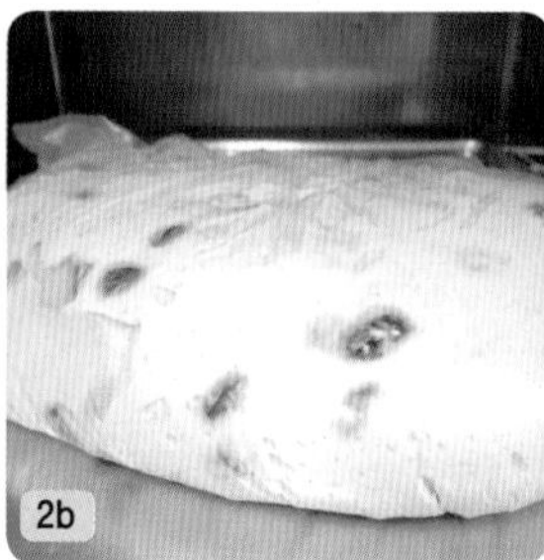
2b

2c

3~5

7. 팬닝 : 면포 위에 정형한 반죽을 놓는다.

Tip 천연발효 반죽은 발효 미생물이 생성시킨 발효산물인 유기산에 의해 단백질과 탄수화물이 용해되어 끈적임이 많다. 그러므로 정형한 반죽의 표면에 덧가루를 충분히 묻혀야 면포에서 잘 떨어진다.

8. 2차 발효 : 30~32℃, 75%, 70~90분

Tip 2차 발효는 가장 짧은 시간 안에 제빵사가 원하는 크기로 반죽을 부풀리고 완제품의 특징에 맞는 질감과 식감을 부여하는 공정이다.

9. 굽기 전 : 실리콘 페이퍼 위에 반죽을 놓고 반죽의 윗면에 칼집을 낸다.

Tip **1.** 균일한 간격을 유지할 수 있도록 2차 발효한 반죽을 실리콘 페이퍼 위에 배열한다. 굽기 시 빵의 옆면은 대류에 의해 균일한 착색이 유도되기 때문이다.

2. 반죽의 윗면에 칼집을 내면 굽기 시 생성되는 가스가 그 곳을 통해 배출되어 기형적 터짐을 방지할 수 있다.

10. 굽기 : 160℃/230℃ 분무 후 반죽을 넣고 240℃/180℃ 22분

Tip **1.** 천연발효 반죽의 굽기 시 팽창은 1차 발효 시 생성된 발효산물의 휘발에 의해 팽창되는 오븐 스프링이다. 따라서 일반적으로 실리콘페이퍼 위에 반죽을 놓고 아랫불을 높게 설정하여 굽기를 한다.

2. 굽기 시 스팀을 분사하면 반죽의 외피에 수막을 형성하여 껍질의 형성을 늦춘다. 그러면 반죽의 오븐 스프링이 커져 완제품의 부피가 크다. 부수적으로 반죽의 외피가 기형적으로 터지는 것을 방지하고 빵의 껍질을 얇게 하고 윤기나게 한다.

8

9

10

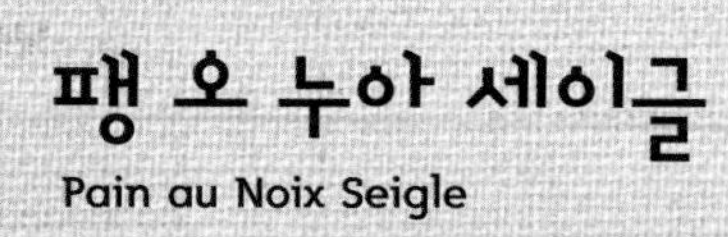

팽 오 누아 세이글

Pain au Noix Seigle

호밀 사워종을 묽은 형태의 종 반죽으로 만들어 사용하면 된 형태의 호밀 사워종보다 비교적 순한 신맛의 천연발효 빵을 만들 수 있다. 그러나 이런 순한 신맛에도 익숙하지 않은 사람들을 위하여 호두의 고소한 맛으로 감추어 신맛에 대한 거부감을 줄였다.

배합표 생산수량: 245g, 11개

재료	무게(g)
강력분	1,000
호밀 사워종	1,000
소금	24
올리브유	30
물	445
호두	300

1. 반죽 : 24℃, 최종 단계

① 믹싱 볼에 제일 먼저 종 반죽을 넣는다.

② ②에 강력분을 붓고 소금을 넣는다.

③ ②에 액체재료인 물을 넣는다.

④ ③에 올리브유를 넣고 저속 6분, 중속 2분 믹싱한다.

⑤ ④에 호두를 넣고 저속으로 균일하게 섞는다.

⑥ 완성된 반죽을 비닐봉지에 담아 발효시킨다.

Tip **1.** 글루텐이 생성된 많은 양의 종 반죽과 글루텐을 형성할 수 있는 단백질 함량이 적은 호밀가루가 본 반죽에 들어가므로 저속으로 오랫동안 믹싱하여 모든 재료를 균일하게 혼합한다.

2. 반죽온도를 맞추기 위해 사워종은 여름에는 수업 전 냉장고에 보관하여 품온을 낮추고 겨울에는 종의 배양온도를 유지하여 사용한다. 물은 계절에 따라 온도를 적절히 조절하여 사용한다.

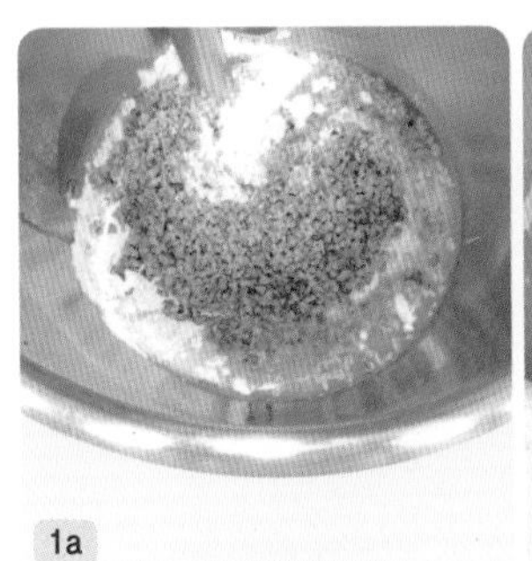

1a

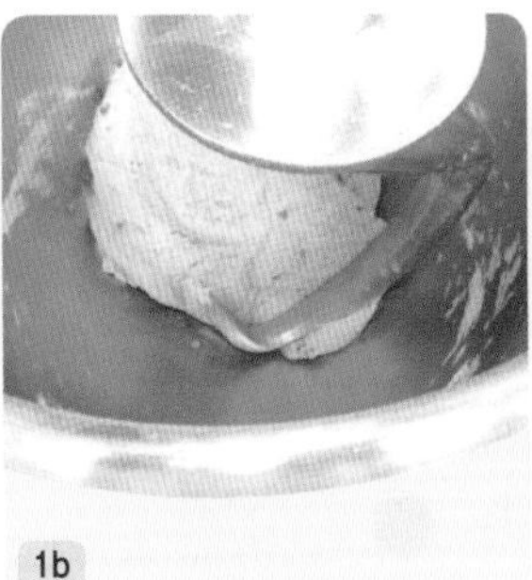

1b

1c

1d

2. 1차 발효 : 계절, 작업장의 온도, 반죽의 양, 냉장고의 성능 등을 고려하여야 한다.

① 고온 발효 : 27℃, 0~60분

② 냉장 숙성 : 5℃, 12~72시간

③ 실온화 : 27℃, 60~120분

Tip 1. 고온 발효에서 미생물의 개체수를 증가시키고 미생물의 발효산물을 생성시킨다.

2. 냉장 숙성에서 작업시간과 숙성의 정도를 조절할 수 있다.

3. 실온화에서 반죽의 온도를 상승시켜 2차 발효시간을 단축시킨다.

3. 분할 : 245g, 11개

Tip 반죽과 발효 과정에서 형성된 글루텐 막의 손상이 최소화 될 수 있도록 대강의 반죽 무게를 짐작하여 한두 번의 반죽 가감으로 제시된 분할중량에 맞게 나눈다.

4. 둥글리기

Tip 1. 냉장 숙성한 반죽은 반죽에서 차가운 기운을 빼기 위하여 단단하게 둥글리기 한다.

2. 양손으로 반죽을 살짝 감싸고 양손 날은 작업대 위에 붙여 한 방향 원형으로 굴린다. 반죽을 한 방향 원형으로 굴리면서 표피가 찢어지지 않도록 주의하면서 표면이 매끄럽고 모양과 크기가 일정하도록 둥글린다.

5. 중간 발효 : 20분

Tip 중간 발효시간과 발효장소는 성형 시 필요한 반죽의 신장성과 가소성, 계절과 작업장의 온도를 감안하여 결정한다. 발효장소(작업대 혹은 발효실)

6. 정형 : 25㎝ 길이의 막대기형으로 만든다.

2a 2b 2c 2d 5

7. 팬닝 : 면포 위에 정형한 반죽을 놓는다.

Tip 천연발효 반죽은 발효 미생물이 생성시킨 발효산물인 유기산에 의해 단백질과 탄수화물이 용해되어 끈적임이 많다. 그러므로 정형한 반죽의 표면에 덧가루를 충분히 묻혀야 면포에서 잘 떨어진다.

8. 2차 발효 : 30~32℃, 75%, 70~90분

Tip 2차 발효는 가장 짧은 시간 안에 제빵사가 원하는 크기로 반죽을 부풀리고 완제품의 특징에 맞는 질감과 식감을 부여하는 공정이다.

9. 굽기 전 : 실리콘 페이퍼 위에 반죽을 놓고 반죽의 윗면에 칼집을 낸다.

Tip **1.** 균일한 간격을 유지할 수 있도록 2차 발효한 반죽을 실리콘 페이퍼 위에 배열한다. 굽기 시 빵의 옆면은 대류에 의해 균일한 착색이 유도되기 때문이다.

2. 반죽의 윗면에 칼집을 내면 굽기 시 생성되는 가스가 그곳을 통해 배출되어 기형적 터짐을 방지할 수 있다.

10. 굽기 : 160℃/230℃ 분무 후 반죽을 넣고 240℃/180℃ 23분

Tip **1.** 천연발효 반죽의 굽기 시 팽창은 1차 발효 시 생성된 발효산물의 휘발에 의해 팽창되는 오븐 스프링이다. 따라서 일반적으로 실리콘페이퍼 위에 반죽을 놓고 아랫불을 높게 설정하여 굽기를 한다.

2. 굽기 시 스팀을 분사하면 반죽의 외피에 수막을 형성하여 껍질의 형성을 늦춘다. 그러면 반죽의 오븐 스프링이 커져 완제품의 부피가 크다. 부수적으로 반죽의 외피가 기형적으로 터지는 것을 방지하고 빵의 껍질을 얇게 하고 윤기나게 한다.

8

9

10

팽 드 깜빠뉴

Pain de Campagne

호밀과 엿기름 분말을 넣어 거칠고 어두운 색의 시골빵의 느낌을 표현하였다. 호밀 사워종으로 인한 강한 신맛은 올리브유로 순화시키고 설탕을 조금 첨가하여 크러스트와 크럼의 식감을 약간 부드럽게 만들었다.

배합표 생산수량: 710g, 4개

재료	무게(g)
강력분	1,000
오트밀	200
호밀 사워종	500
통밀 사워종	500
당밀	30
소금	28
올리브유	46
몰트 엑기스	10
물	550

1. 반죽 : 24℃, 최종 단계

① 믹싱 볼에 제일 먼저 호밀 사워종과 통밀 사워종을 넣는다.

② ①에 강력분을 붓고 오트밀, 소금인 가루재료를 넣는다.

③ ②에 액체재료인 당밀, 몰트 엑기스는 물에 풀어 함께 넣는다.

④ ③에 올리브유를 넣고 저속 6분, 중속 3분 믹싱한다.

⑤ 완성된 반죽을 비닐봉지에 담아 발효시킨다.

Tip **1.** 글루텐이 생성된 많은 양의 종 반죽과 글루텐을 형성할 수 있는 단백질 함량이 적은 호밀가루가 본 반죽에 들어가므로 저속으로만 오래하여 모든 재료를 균일하게 혼합한다.

2. 반죽온도를 맞추기 위해 사워종은 여름에는 수업 전 냉장고에 보관하여 품온을 낮추고 겨울에는 종의 배양온도를 유지하여 사용한다. 물은 계절에 따라 온도를 적절히 조절하여 사용한다.

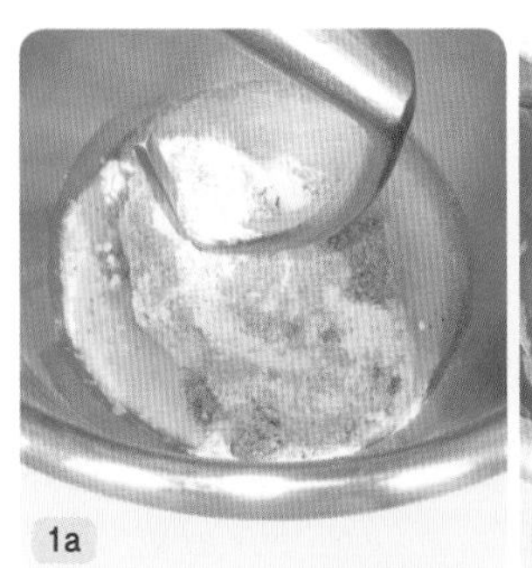
1a

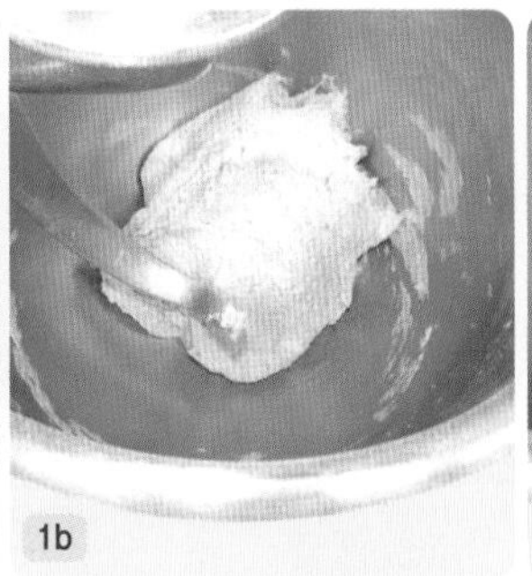
1b

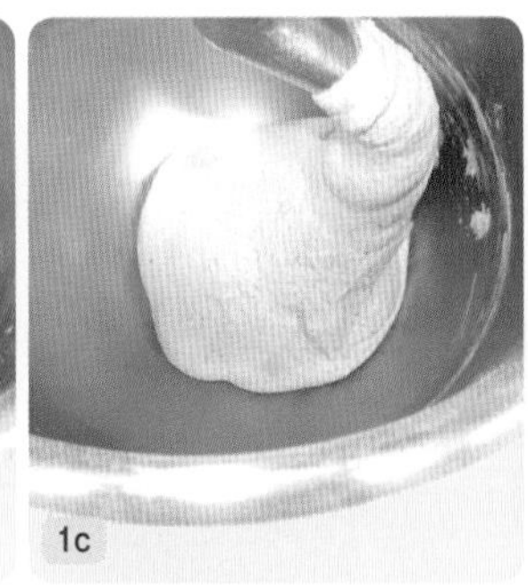
1c

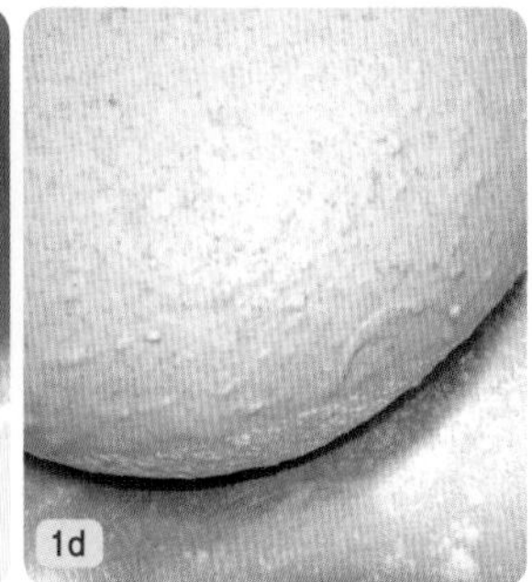
1d

2. 1차 발효 : 계절, 작업장의 온도, 반죽의 양, 냉장고의 성능 등을 고려하여야 한다.

① 고온 발효 : 27℃, 0~60분

② 냉장 숙성 : 5℃, 12~72시간

③ 실온화 : 27℃, 60~120분

Tip **1.** 고온 발효에서 미생물의 개체수를 증가시키고 미생물의 발효산물을 생성시킨다.

2. 냉장 숙성에서 작업시간과 숙성의 정도를 조절할 수 있다.

3. 실온화에서 반죽의 온도를 상승시켜 2차 발효시간을 단축시킨다.

3. 분할 : 710g, 4개

Tip 반죽과 발효 과정에서 형성된 글루텐 막의 손상이 최소화 될 수 있도록 대강의 반죽 무게를 짐작하여 한두 번의 반죽 가감으로 제시된 분할중량에 맞게 나눈다.

4. 둥글리기

Tip **1.** 냉장 숙성한 반죽은 반죽에서 차가운 기운을 빼기 위하여 단단하게 둥글리기 한다.

2. 양손으로 반죽을 살짝 감싸고 양손 날은 작업대 위에 붙여 한 방향 원형으로 굴린다. 반죽을 한 방향 원형으로 굴리면서 표피가 찢어지지 않도록 주의하면서 표면이 매끄럽고 모양과 크기가 일정하도록 둥글린다.

5. 중간 발효 : 20분

Tip 중간 발효시간과 발효장소는 성형 시 필요한 반죽의 신장성과 가소성, 계절과 작업장의 온도를 감안하여 결정한다. 발효장소(작업대 혹은 발효실)

6. 정형 : 25㎝ 길이의 막대기형으로 만든다.

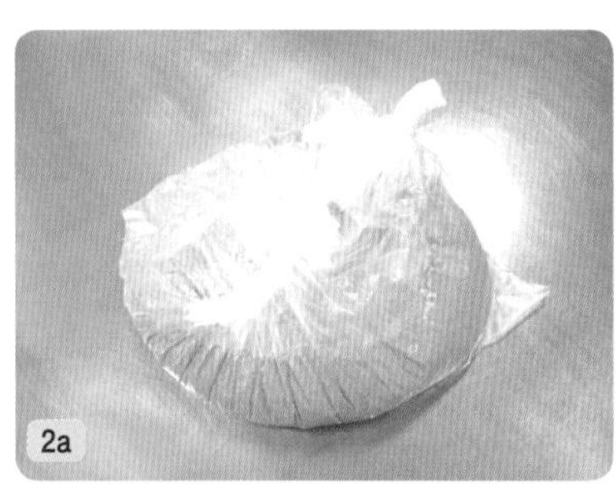

2a

2b

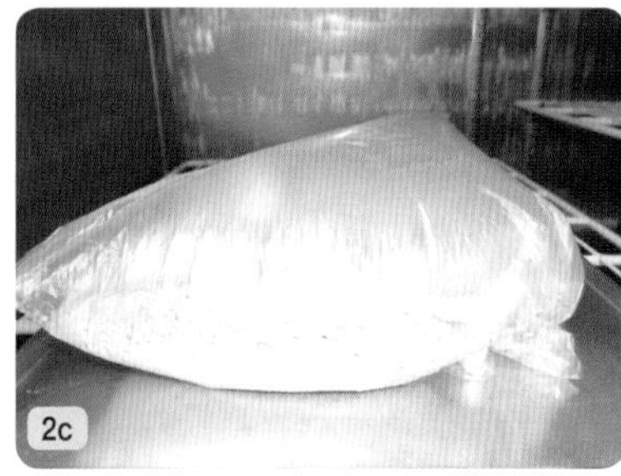

2c

2d

5

7. 팬닝 : 면포 위에 정형한 반죽을 놓는다.

Tip 천연발효 반죽은 발효 미생물이 생성시킨 발효산물인 유기산에 의해 단백질과 탄수화물이 용해되어 끈적임이 많다. 그러므로 정형한 반죽의 표면에 덧가루를 충분히 묻혀야 면포에서 잘 떨어진다.

8. 2차 발효 : 30~32℃, 75%, 70~90분

Tip 2차 발효는 가장 짧은 시간 안에 제빵사가 원하는 크기로 반죽을 부풀리고 완제품의 특징에 맞는 질감과 식감을 부여하는 공정이다.

9. 굽기 전 : 실리콘 페이퍼 위에 반죽을 놓고 반죽의 윗면에 칼집을 낸다.

Tip **1.** 균일한 간격을 유지할 수 있도록 2차 발효한 반죽을 실리콘 페이퍼 위에 배열한다. 굽기 시 빵의 옆면은 대류에 의해 균일한 착색이 유도되기 때문이다.

2. 반죽의 윗면에 칼집을 내면 굽기 시 생성되는 가스가 그 곳을 통해 배출되어 기형적 터짐을 방지할 수 있다.

10. 굽기 : 160℃/230℃ 분무 후 반죽을 넣고 200℃/180℃ 28분

Tip **1.** 천연발효 반죽의 굽기 시 팽창은 1차 발효 시 생성된 발효산물의 휘발에 의해 팽창되는 오븐 스프링이다. 따라서 일반적으로 실리콘페이퍼 위에 반죽을 놓고 아랫불을 높게 설정하여 굽기를 한다.

2. 굽기 시 스팀을 분사하면 반죽의 외피에 수막을 형성하여 껍질의 형성을 늦춘다. 그러면 반죽의 오븐 스프링이 커져 완제품의 부피가 크다. 부수적으로 반죽의 외피가 기형적으로 터지는 것을 방지하고 빵의 껍질을 얇게 하고 윤기나게 한다.

8

9

10

다크 브레드

Dark Multigrains Hearth Bread

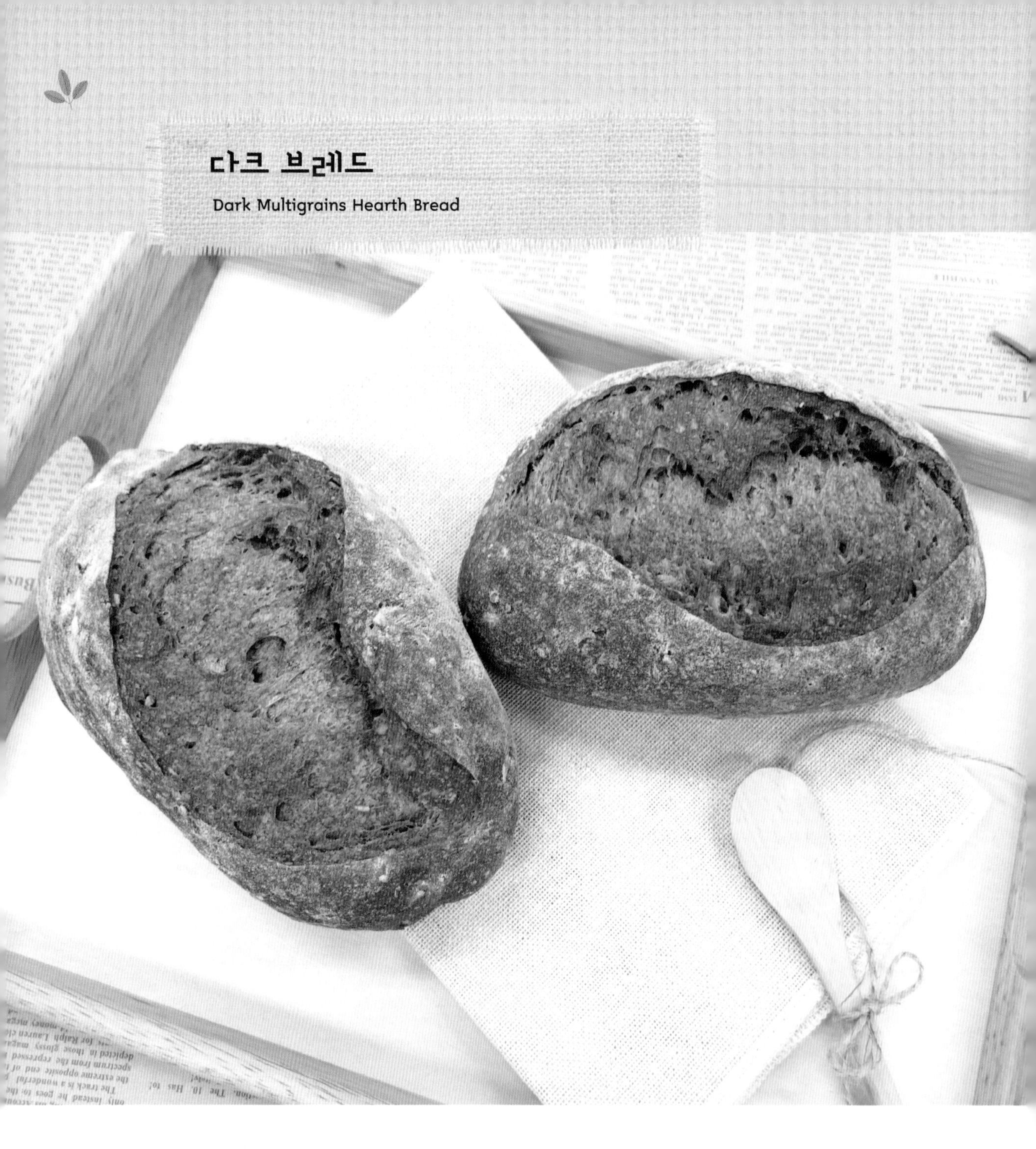

다크 브레드에 첨가하는 해바라기 씨, 호밀, 아마 씨, 콩가루, 밀기울, 호밀기울, 대두기울, 보리 등은 영양 성분과 생리활성성분이 많이 함유되어 있는 여러 곡류의 기울(껍질)과 작고 단단한 씨앗이다. 그러나 이러한 것들은 소화가 잘 되지 않기 때문에 반드시 호밀에서 유산균을 채취·배양한 후 호밀과 잡곡을 숙성시켜 빵을 만들어야 한다.

배합표 생산수량: 265g, 10개

재료	무게(g)
강력분	720
잡곡가루	460
호밀 사워종	1,000
소금	8
몰트 엑기스	10
물	550

1. 반죽 : 24℃, 최종 단계

① 믹싱 볼에 제일 먼저 종 반죽을 넣는다.

② ①에 강력분과 잡곡가루를 붓고 소금을 넣는다.

③ ②에 액체재료인 물에 몰트를 풀어 넣고 저속 6분, 중속 2분 믹싱한다.

④ 완성된 반죽을 비닐봉지에 담아 발효시킨다.

Tip **1.** 글루텐이 생성된 많은 양의 종 반죽과 글루텐을 형성할 수 있는 단백질 함량이 적은 호밀가루가 본 반죽에 들어가므로 저속으로만 오래하여 모든 재료를 균일하게 혼합한다.

2. 반죽온도를 맞추기 위해 사워종은 여름에는 수업 전 냉장고에 보관하여 품온을 낮추고 겨울에는 종의 배양온도를 유지하여 사용한다. 물은 계절에 따라 온도를 적절히 조절하여 사용한다.

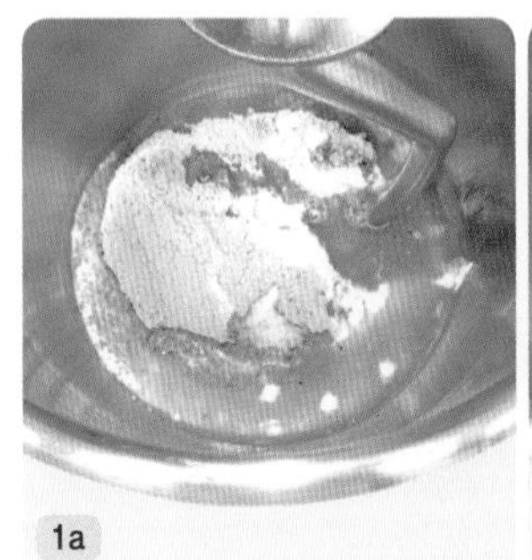
1a

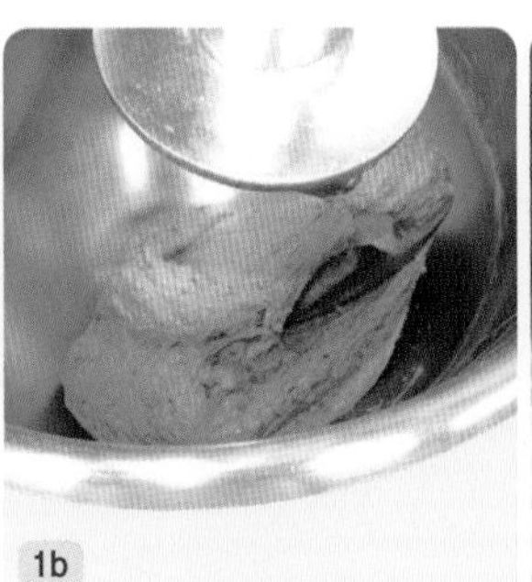
1b

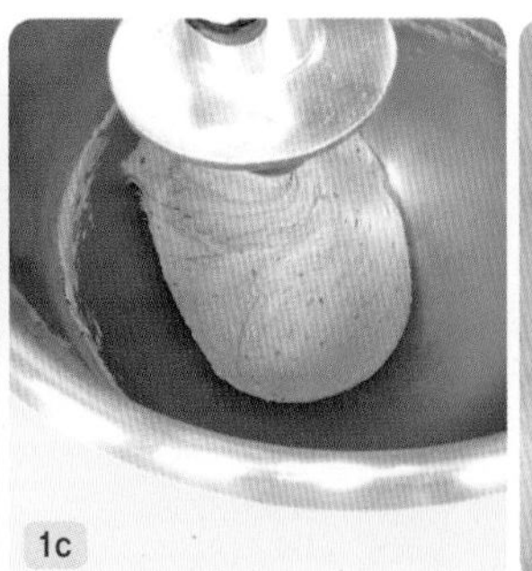
1c

1d

2. 1차 발효 : 계절, 작업장의 온도, 반죽의 양, 냉장고의 성능 등을 고려하여야 한다.

① 고온 발효 : 27℃, 0~60분

② 냉장 숙성 : 5℃, 12~72시간

③ 실온화 : 27℃, 60~120분

Tip 1. 고온 발효에서 미생물의 개체수를 증가시키고 미생물의 발효산물을 생성시킨다.

2. 냉장 숙성에서 작업시간과 숙성의 정도를 조절할 수 있다.

3. 실온화에서 반죽의 온도를 상승시켜 2차 발효시간을 단축시킨다.

3. 분할 : 265g, 10개

Tip 반죽과 발효 과정에서 형성된 글루텐 막의 손상이 최소화 될 수 있도록 대강의 반죽 무게를 짐작하여 한두 번의 반죽 가감으로 제시된 분할중량에 맞게 나눈다.

4. 둥글리기

Tip 1. 냉장 숙성한 반죽은 반죽에서 차가운 기운을 빼기 위하여 단단하게 둥글리기 한다.

2. 양손으로 반죽을 살짝 감싸고 양손 날은 작업대 위에 붙여 한 방향 원형으로 굴린다. 반죽을 한 방향 원형으로 굴리면서 표피가 찢어지지 않도록 주의하면서 표면이 매끄럽고 모양과 크기가 일정하도록 둥글린다.

5. 중간 발효 : 20분

Tip 중간 발효시간과 발효장소는 성형 시 필요한 반죽의 신장성과 가소성, 계절과 작업장의 온도를 감안하여 결정한다. 발효장소(작업대 혹은 발효실)

6. 정형 : 20㎝ 길이의 막대기형으로 만든다.

7. 팬닝 : 면포 위에 정형한 반죽을 놓는다.

Tip 천연발효 반죽은 발효 미생물이 생성시킨 발효산물인 유기산에 의해 단백질과 탄수화물이 용해되어 끈적임이 많다. 그러므로 정형한 반죽의 표면에 덧가루를 충분히 묻혀야 면포에서 잘 떨어진다.

8. 2차 발효 : 30~32℃, 75%, 70~90분

Tip 2차 발효는 가장 짧은 시간 안에 제빵사가 원하는 크기로 반죽을 부풀리고 완제품의 특징에 맞는 질감과 식감을 부여하는 공정이다.

9. 굽기 전 : 실리콘 페이퍼 위에 반죽을 놓고 반죽의 윗면에 칼집을 낸다.

Tip **1.** 균일한 간격을 유지할 수 있도록 2차 발효한 반죽을 실리콘 페이퍼 위에 배열한다. 굽기 시 빵의 옆면은 대류에 의해 균일한 착색이 유도되기 때문이다.

2. 반죽의 윗면에 칼집을 내면 굽기 시 생성되는 가스가 그곳을 통해 배출되어 기형적 터짐을 방지할 수 있다.

10. 굽기 : 160℃/230℃ 분무 후 반죽을 넣고 240℃/180℃ 23분

Tip **1.** 천연발효 반죽의 굽기 시 팽창은 1차 발효 시 생성된 발효산물의 휘발에 의해 팽창되는 오븐 스프링이다. 따라서 일반적으로 실리콘페이퍼 위에 반죽을 놓고 아랫불을 높게 설정하여 굽기를 한다.

2. 굽기 시 스팀을 분사하면 반죽의 외피에 수막을 형성하여 껍질의 형성을 늦춘다. 그러면 반죽의 오븐 스프링이 커져 완제품의 부피가 크다. 부수적으로 반죽의 외피가 기형적으로 터지는 것을 방지하고 빵의 껍질을 얇게 하고 윤기나게 한다.

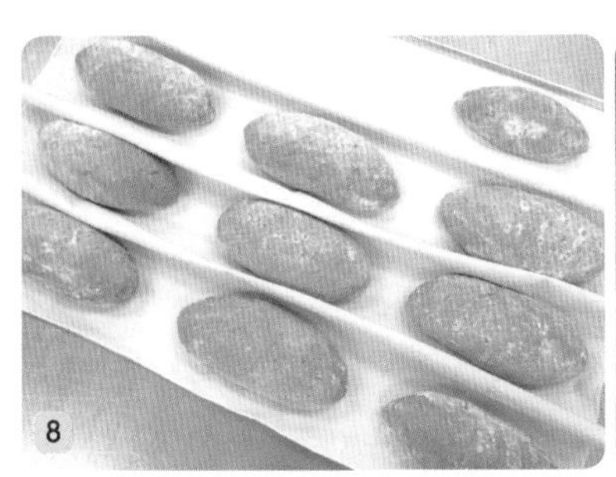
8

9

10

통밀 사워 종
Whole Wheat Sourdough starter

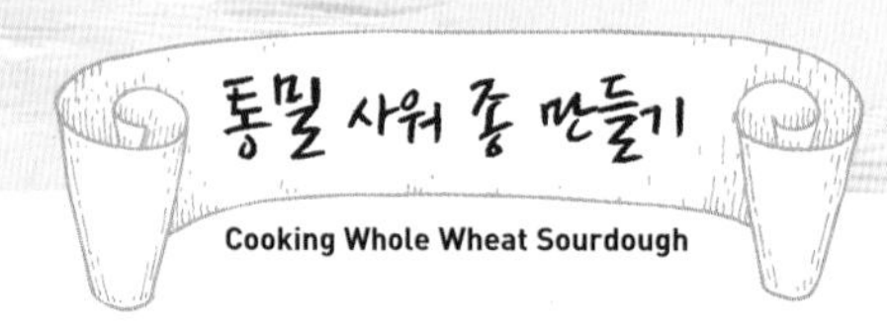

1. 재료 준비: 유기농 호밀 8,100g, 물 8,100g

2. 인큐베이터(Incubator)의 배양 온도: 26℃

3. 1차 원종 만들기 :

① 통밀 100g, 물 100g을 준비한다.
② 통밀에 26℃의 계량한 물을 넣고 고무주걱으로 균일하게 섞는다.
③ 1차 원종을 인큐베이터(Incubator)에서 24시간 배양한다.

4. 2차 원종 만들기 :

① 1차 원종 전량, 통밀 200g, 물 200g을 준비한다.
② 1차 원종에 26℃의 계량한 물을 붓는다.
③ ②에 통밀을 넣고 고무주걱으로 균일하게 섞는다.
④ 2차 원종을 인큐베이터(Incubator)에서 24시간 배양한다.

5. 3차 원종 만들기 :

① 2차 원종 전량, 통밀 600g, 물 600g을 준비한다.
② 2차 원종에 26℃의 계량한 물을 붓는다.
③ ②에 통밀을 넣고 고무주걱으로 균일하게 섞는다.
④ 3차 원종을 인큐베이터(Incubator)에서 12시간 배양한다.

[재료 배합]

3-①

[1차 완료점]

3-②

[2차 완료점]

4

6. 4차 원종 만들기 :

① 3차 원종 전량, 통밀 1,800g, 물 1,800g을 준비한다.
② 3차 원종에 26℃의 계량한 물을 붓는다.
③ 믹싱 볼에 ②와 통밀을 넣고 믹서에 훅(Hook)을 장착한 후 고속으로 믹싱하여 균일하게 섞는다.
④ 4차 원종을 인큐베이터(Incubator)에서 6시간 배양한다.

7. 5차 원종 만들기 :

① 4차 원종 전량, 통밀 5,400g, 물 5,400g을 준비한다.
② 4차 원종에 26℃의 계량한 물을 붓는다.
③ 믹싱 볼에 ②와 통밀을 넣고 믹서에 훅(Hook)을 장착한 후 고속으로 믹싱하여 균일하게 섞는다.
④ 5차 원종을 인큐베이터(Incubator)에서 3시간 배양한다.

8. 보관과 사용기간:

완성된 5차 원종에 통밀 810g, 5℃의 물 810g을 넣어 섞은 후 5℃의 냉장고에서 여름에는 3일 정도, 겨울에는 6일 정도의 범위 안에서는 미생물의 개체수와 가스 발생력의 큰 편차 없이 사용이 가능하다.

9. 최종적으로 완성되는 원종의 양을 조절하는 방법:

원종의 계대배양패턴(원종 100: 통밀 100: 물 100)을 이해하고 필요로 하는 원종의 양에 맞추어 계대배양패턴에 대입한다.

[3차 완료점]

5

[4차 완료점]

6

[5차 완료점]

7

하드롤
Hard Roll Hearth Bread

통밀가루가 100% 함유된 통밀빵으로, 통밀에서 유산균을 채취해 배양한 후, 통밀을 숙성시켜 생리활성 성분과 영양성분을 효율적으로 소화 흡수할 수 있는 상태로 만들었다. 설탕, 분유, 흰자 등의 부재료를 약간씩 넣어 크러스트와 크럼의 식감을 부드럽게 만든 빵이다.

배합표 생산수량: 120g, 21개

재료	무게(g)
강력분	1,000
통밀 사워종	1,000
소금	27
당밀	30
올리브유	30
흰자	45
몰트 엑기스	10
물	370
토핑용 해바라기씨	100

1. 반죽 : 24℃, 최종 단계

① 믹싱 볼에 제일 먼저 통밀 사워종을 넣는다.

② ①에 통밀가루를 붓고 소금인 가루재료를 넣는다.

③ ②에 액체재료인 흰자, 당밀, 몰트 엑기스는 물에 풀어 함께 넣는다.

④ ③에 올리브유를 넣고 저속 6분, 중속 3분 믹싱한다.

⑤ 완성된 반죽을 비닐봉지에 담아 발효시킨다.

Tip

1. 글루텐이 생성된 많은 양의 종 반죽과 글루텐을 형성할 수 있는 단백질 함량이 적은 호밀가루가 본 반죽에 들어가므로 저속으로만 오래하여 모든 재료를 균일하게 혼합한다.

2. 반죽온도를 맞추기 위해 사워종은 여름에는 수업 전 냉장고에 보관하여 품온을 낮추고 겨울에는 종의 배양온도를 유지하여 사용한다. 물은 계절에 따라 온도를 적절히 조절하여 사용한다.

1a

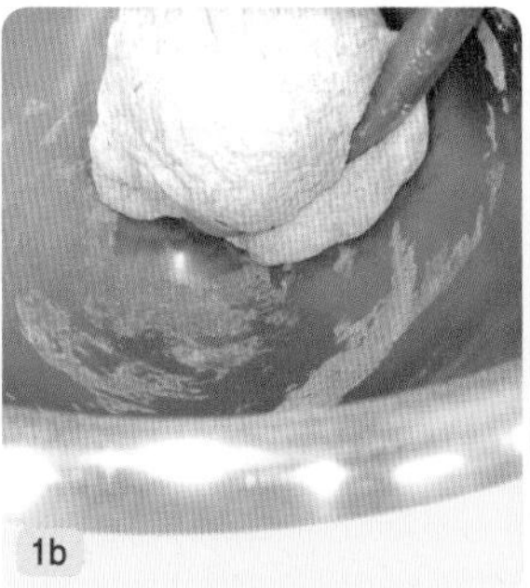
1b

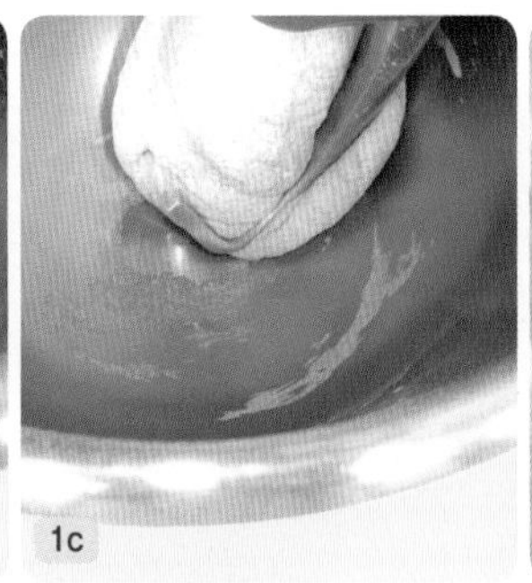
1c

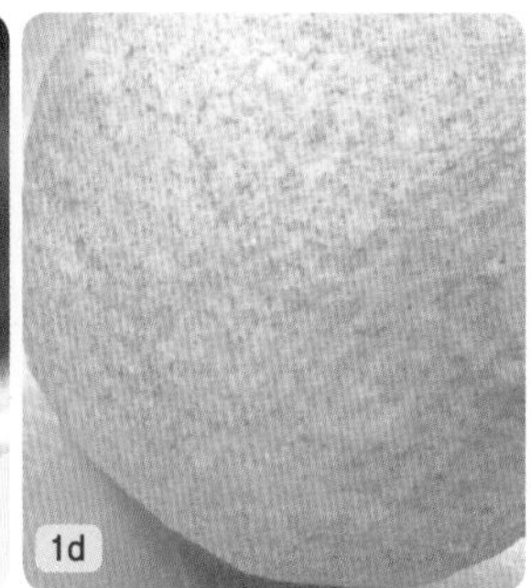
1d

2. 1차 발효 : 계절, 작업장의 온도, 반죽의 양, 냉장고의 성능 등을 고려하여야 한다.

① 고온 발효 : 27℃, 0~60분
② 냉장 숙성 : 5℃, 12~72시간
③ 실온화 : 27℃, 60~120분

Tip **1.** 고온 발효에서 미생물의 개체수를 증가시키고 미생물의 발효산물을 생성시킨다.

2. 냉장 숙성에서 작업시간과 숙성의 정도를 조절할 수 있다.

3. 실온화에서 반죽의 온도를 상승시켜 2차 발효시간을 단축시킨다.

3. 분할 : 80g, 32개

Tip 반죽과 발효 과정에서 형성된 글루텐 막의 손상이 최소화 될 수 있도록 대강의 반죽 무게를 짐작하여 한두 번의 반죽 가감으로 제시된 분할중량에 맞게 나눈다.

4. 둥글리기

Tip **1.** 냉장 숙성한 반죽은 반죽에서 차가운 기운을 빼기 위하여 단단하게 둥글리기 한다.

2. 양손으로 반죽을 살짝 감싸고 양손 날은 작업대 위에 붙여 한 방향 원형으로 굴린다. 반죽을 한 방향 원형으로 굴리면서 표피가 찢어지지 않도록 주의하면서 표면이 매끄럽고 모양과 크기가 일정하도록 둥글린다.

5. 중간 발효 : 20분

Tip 중간 발효시간과 발효장소는 성형 시 필요한 반죽의 신장성과 가소성, 계절과 작업장의 온도를 감안하여 결정한다. 발효장소(작업대 혹은 발효실)

6. 정형 : 작은 원형으로 만든 후 젖은 물수건에 살짝 굴려 해바라기씨를 붙인다.

7. 팬닝 : 면포 위에 정형한 반죽을 놓는다.

Tip 천연발효 반죽은 발효 미생물이 생성시킨 발효산물인 유기산에 의해 단백질과 탄수화물이 용해되어 끈적임이 많다. 그러므로 정형한 반죽의 표면에 덧가루를 충분히 묻혀야 면포에서 잘 떨어진다.

8. 2차 발효 : 30~32℃, 75%, 70~90분

Tip 2차 발효는 가장 짧은 시간 안에 제빵사가 원하는 크기로 반죽을 부풀리고 완제품의 특징에 맞는 질감과 식감을 부여하는 공정이다.

9. 굽기 전 : 실리콘 페이퍼 위에 반죽을 놓고 반죽의 윗면에 칼집을 낸다.

Tip **1.** 균일한 간격을 유지할 수 있도록 2차 발효한 반죽을 실리콘 페이퍼 위에 배열한다. 굽기 시 빵의 옆면은 대류에 의해 균일한 착색이 유도되기 때문이다.

2. 반죽의 윗면에 칼집을 내면 굽기 시 생성되는 가스가 그곳을 통해 배출되어 기형적 터짐을 방지할 수 있다.

10. 굽기 : 160℃/230℃ 분무 후 반죽을 넣고 240℃/180℃ 18분

Tip **1.** 천연발효 반죽의 굽기 시 팽창은 1차 발효 시 생성된 발효산물의 휘발에 의해 팽창되는 오븐 스프링이다. 따라서 일반적으로 실리콘페이퍼 위에 반죽을 놓고 아랫불을 높게 설정하여 굽기를 한다.

2. 굽기 시 스팀을 분사하면 반죽의 외피에 수막을 형성하여 껍질의 형성을 늦춘다. 그러면 반죽의 오븐 스프링이 커져 완제품의 부피가 크다. 부수적으로 반죽의 외피가 기형적으로 터지는 것을 방지하고 빵의 껍질을 얇게 하고 윤기나게 한다.

8

9

10

통밀 바게트
Whole Wheat Baguette

프랑스풍의 바게트에 통밀 사워종을 사용함으로써 통밀에 많이 함유되어 있는 비타민과 무기질을 흡수하여 생리활성을 촉진시키고, 식이섬유를 통해 배변작용 향상과 장내 노폐물을 배출시켜 대장암을 예방한다. 더불어 일반 바게트보다 혈당량을 빨리 높이지 않아 혈당관리 효과가 탁월한 영양학적 장점이 있다.

배합표 생산수량: 350g, 7개

재료	무게(g)
강력분	1,000
통밀 사워종	1,000
물	450
소금	26
몰트 엑기스	10

1. 반죽 : 24℃, 최종 단계

① 믹싱 볼에 제일 먼저 통밀 사워종을 넣는다.

② ①에 강력분을 붓고 소금인 가루재료를 넣는다.

③ ②에 액체재료인 몰트 엑기스는 물에 풀어 함께 넣는다.

④ ③에 올리브유를 넣고 저속 6분, 중속 3분 믹싱한다.

⑤ 완성된 반죽을 비닐봉지에 담아 발효시킨다.

Tip **1.** 글루텐이 생성된 많은 양의 종 반죽과 글루텐을 형성할 수 있는 단백질 함량이 적은 호밀가루가 본 반죽에 들어가므로 저속으로만 오래하여 모든 재료를 균일하게 혼합한다.

2. 반죽온도를 맞추기 위해 사워종은 여름에는 수업 전 냉장고에 보관하여 품온을 낮추고 겨울에는 종의 배양온도를 유지하여 사용한다. 물은 계절에 따라 온도를 적절히 조절하여 사용한다.

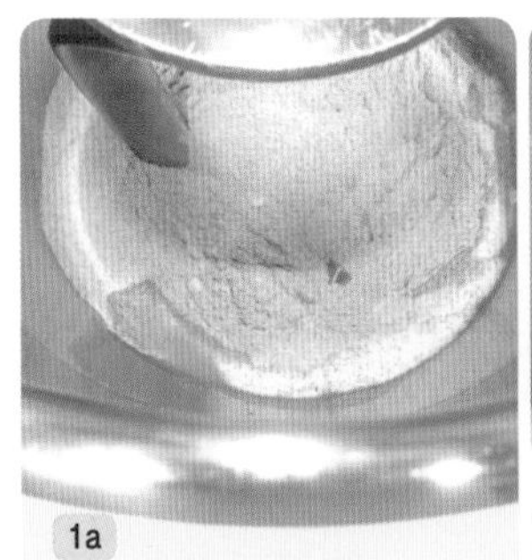
1a

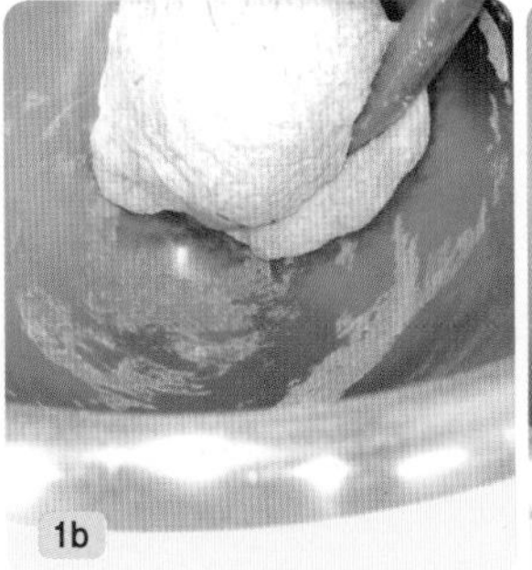
1b

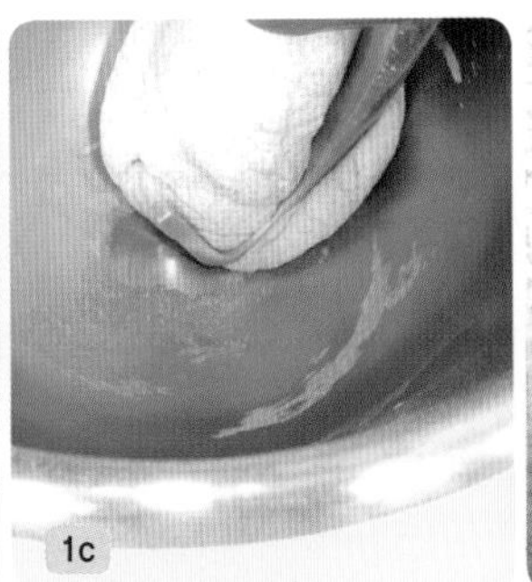
1c

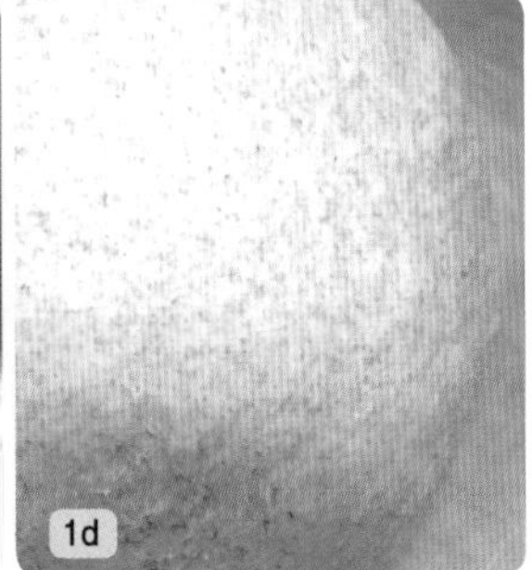
1d

2. 1차 발효 : 계절, 작업장의 온도, 반죽의 양, 냉장고의 성능 등을 고려하여야 한다.

① 고온 발효 : 27℃, 0~60분

② 냉장 숙성 : 5℃, 12~72시간

③ 실온화 : 27℃, 60~120분

Tip **1.** 고온 발효에서 미생물의 개체수를 증가시키고 미생물의 발효산물을 생성시킨다.

2. 냉장 숙성에서 작업시간과 숙성의 정도를 조절할 수 있다.

3. 실온화에서 반죽의 온도를 상승시켜 2차 발효시간을 단축시킨다.

3. 분할 : 350g, 7개

Tip 반죽과 발효 과정에서 형성된 글루텐 막의 손상이 최소화 될 수 있도록 대강의 반죽 무게를 짐작하여 한두 번의 반죽 가감으로 제시된 분할중량에 맞게 나눈다.

4. 둥글리기

Tip **1.** 냉장 숙성한 반죽은 반죽에서 차가운 기운을 빼기 위하여 단단하게 둥글리기 한다.

2. 양손으로 반죽을 살짝 감싸고 양손 날은 작업대 위에 붙여 한 방향 원형으로 굴린다. 반죽을 한 방향 원형으로 굴리면서 표피가 찢어지지 않도록 주의하면서 표면이 매끄럽고 모양과 크기가 일정하도록 둥글린다.

5. 중간 발효 : 20분

Tip 중간 발효시간과 발효장소는 성형 시 필요한 반죽의 신장성과 가소성, 계절과 작업장의 온도를 감안하여 결정한다. 발효장소(작업대 혹은 발효실)

6. 정형 : 35㎝ 길이의 막대기형으로 만든다.

2a

2b

2c

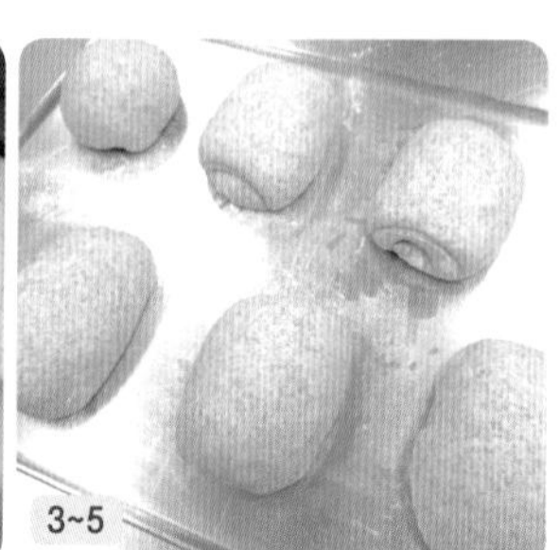

3~5

7. 팬닝 : 면포 위에 정형한 반죽을 놓는다.

Tip 천연발효 반죽은 발효 미생물이 생성시킨 발효산물인 유기산에 의해 단백질과 탄수화물이 용해되어 끈적임이 많다. 그러므로 정형한 반죽의 표면에 덧가루를 충분히 묻혀야 면포에서 잘 떨어진다.

8. 2차 발효 : 30~32℃, 75%, 70~90분

Tip 2차 발효는 가장 짧은 시간 안에 제빵사가 원하는 크기로 반죽을 부풀리고 완제품의 특징에 맞는 질감과 식감을 부여하는 공정이다.

9. 굽기 전 : 실리콘 페이퍼 위에 반죽을 놓고 반죽의 윗면에 칼집을 낸다.

Tip 1. 균일한 간격을 유지할 수 있도록 2차 발효한 반죽을 실리콘 페이퍼 위에 배열한다. 굽기 시 빵의 옆면은 대류에 의해 균일한 착색이 유도되기 때문이다.

2. 반죽의 윗면에 칼집을 내면 굽기 시 생성되는 가스가 그곳을 통해 배출되어 기형적 터짐을 방지할 수 있다.

10. 굽기 : 160℃/230℃ 분무 후 반죽을 넣고 240℃/180℃ 24분

Tip 1. 천연발효 반죽의 굽기 시 팽창은 1차 발효 시 생성된 발효산물의 휘발에 의해 팽창되는 오븐 스프링이다. 따라서 일반적으로 실리콘페이퍼 위에 반죽을 놓고 아랫불을 높게 설정하여 굽기를 한다.

2. 굽기 시 스팀을 분사하면 반죽의 외피에 수막을 형성하여 껍질의 형성을 늦춘다. 그러면 반죽의 오븐 스프링이 커져 완제품의 부피가 크다. 부수적으로 반죽의 외피가 기형적으로 터지는 것을 방지하고 빵의 껍질을 얇게 하고 윤기나게 한다.

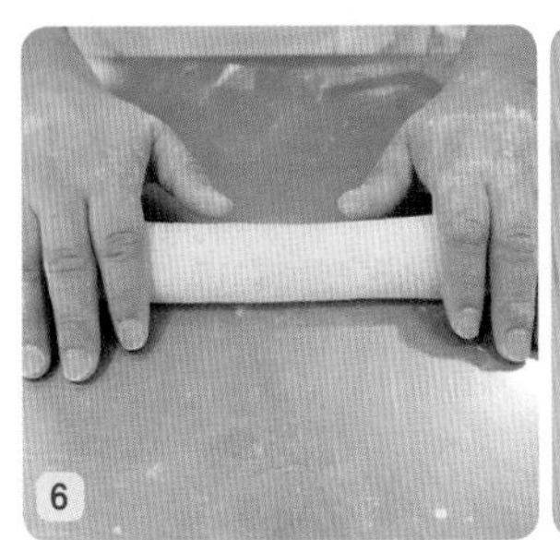
6

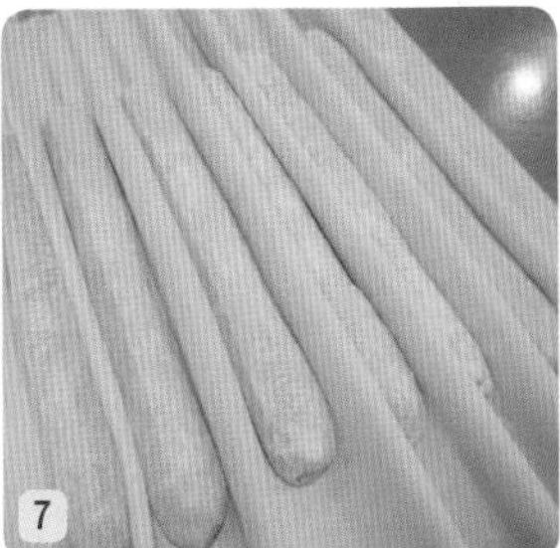
7

9a

9b

통밀 사워 식빵

Whole Wheat Sourdough Tin Bread

통밀가루로 묽은 통밀 사워종을 만들어 부피감에 영향을 미치는 적당한 발효력과 통밀 숙성이 잘 되었을 때 나타나는 상큼한 신맛을 식빵에 표현했다. 여기에 부재료로 설탕, 분유, 달걀, 올리브유 등을 첨가하여 통밀에 의한 거친 느낌의 식감을 부드럽게 만들었다.

배합표 생산수량: 690g, 4개

재료	무게(g)
강력분	1,100
통밀 사워종	1,100
소금	22
설탕	50
올리브유	50
달걀	55
분유	33
물	528

1. 반죽 : 24℃, 최종 단계

① 믹싱 볼에 제일 먼저 종 반죽을 넣는다.

② ③에 강력분을 붓고 가루재료인 소금, 설탕, 분유를 넣는다.

③ ②에 액체재료인 달걀과 물을 함께 풀어 넣는다.

④ ③에 올리브유를 넣고 저속 6분, 중속 3분 믹싱한다.

⑤ 완성된 반죽을 비닐봉지에 담아 발효시킨다.

Tip **1.** 글루텐이 생성된 많은 양의 종 반죽과 글루텐을 형성할 수 있는 단백질 함량이 적은 호밀가루가 본 반죽에 들어가므로 저속으로만 오래하여 모든 재료를 균일하게 혼합한다.

2. 반죽온도를 맞추기 위해 사워종은 여름에는 수업 전 냉장고에 보관하여 품온을 낮추고 겨울에는 종의 배양온도를 유지하여 사용한다. 물은 계절에 따라 온도를 적절히 조절하여 사용한다.

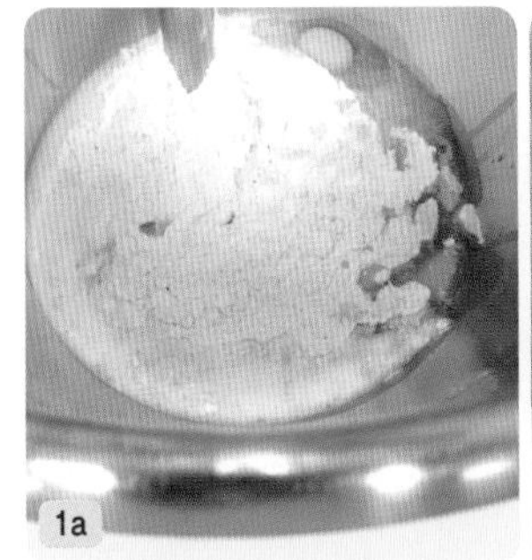
1a

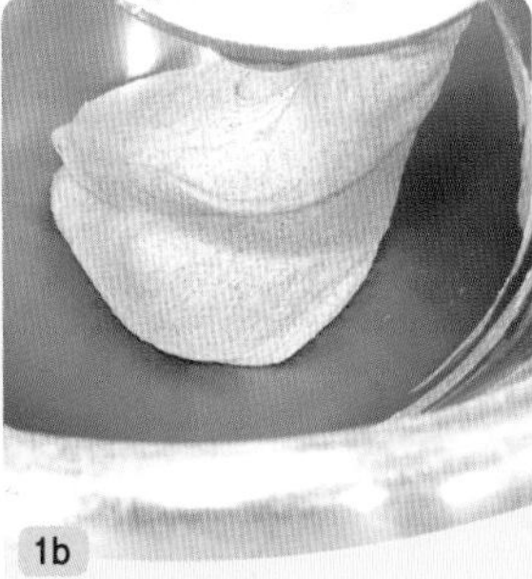
1b

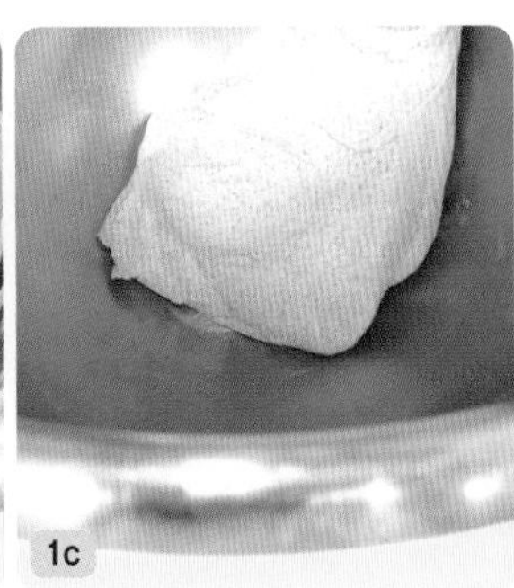
1c

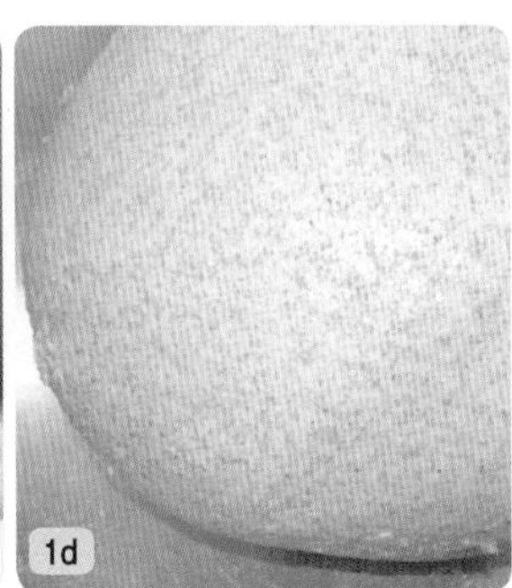
1d

2. 1차 발효 : 계절, 작업장의 온도, 반죽의 양, 냉장고의 성능 등을 고려하여야 한다.

① 고온 발효 : 27℃, 0~60분

② 냉장 숙성 : 5℃, 12~72시간

③ 실온화 : 27℃, 60~120분

Tip **1.** 고온 발효에서 미생물의 개체수를 증가시키고 미생물의 발효산물을 생성시킨다.

2. 냉장 숙성에서 작업시간과 숙성의 정도를 조절할 수 있다.

3. 실온화에서 반죽의 온도를 상승시켜 2차 발효시간을 단축시킨다.

3. 분할 : 230g, 12개

Tip 반죽과 발효 과정에서 형성된 글루텐 막의 손상이 최소화 될 수 있도록 대강의 반죽 무게를 짐작하여 한두 번의 반죽 가감으로 제시된 분할중량에 맞게 나눈다.

4. 둥글리기

Tip **1.** 냉장 숙성한 반죽은 반죽에서 차가운 기운을 빼기 위하여 단단하게 둥글리기 한다.

2. 양손으로 반죽을 살짝 감싸고 양손 날은 작업대 위에 붙여 한 방향 원형으로 굴린다. 반죽을 한 방향 원형으로 굴리면서 표피가 찢어지지 않도록 주의하면서 표면이 매끄럽고 모양과 크기가 일정하도록 둥글린다.

5. 중간 발효 : 20분

Tip 중간 발효시간과 발효장소는 성형 시 필요한 반죽의 신장성과 가소성, 계절과 작업장의 온도를 감안하여 결정한다. 발효장소(작업대 혹은 발효실)

2a

2b

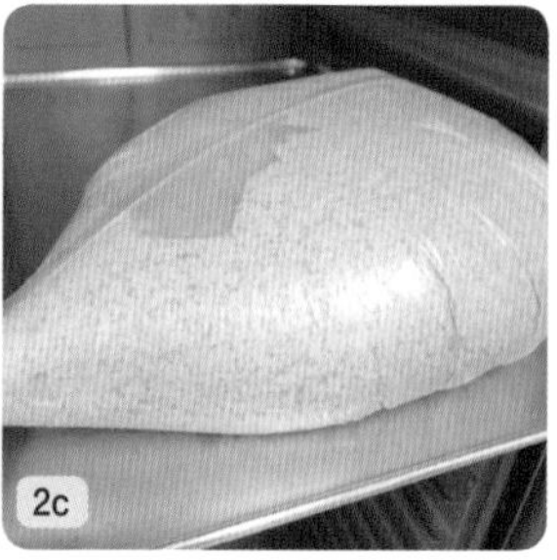

2c

3~5

6. 정형 : 산봉형으로 만든다.

Tip 1. 반죽을 밀대로 두께가 일정하도록 표면부분을 타원형으로 밀어 펴면서 큰 가스를 빼준다.

2. 매끄러운 부분을 바닥으로 놓고 3겹 접기를 한다.

3. 마치 매트를 둥글게 말 듯 일정한 크기와 두께를 유지하며 말기를 한다.

4. 이음매는 잘 봉한 후 작업대 바닥으로 향하게 놓고 자리를 잡아준다.

7. 팬닝 : 1팬에 3덩어리씩, 4팬

Tip 반죽을 만 방향을 모두 맞추고 이음매를 식빵 팬의 바닥으로 향하게 팬닝하여 반죽이 팬 바닥에 잘 밀착되도록 주먹으로 윗부분을 가볍게 눌러준다.

8. 2차 발효 : 35~38℃, 85%, 100~120분

Tip 1. 2차 발효는 가장 짧은 시간 안에 제빵사가 원하는 크기로 반죽을 부풀리고 완제품의 특징에 맞는 질감과 식감을 부여하는 공정이다.

2. 정해진 발효시간을 기준으로 발효상태를 살펴보며 2차 발효 완료점을 결정한다.

3. 공장제 효모를 이용했을 때보다는 2차 발효 완료 시 반죽의 크기가 약간 작다.

9. 굽기 : 175℃/185℃ 35분

Tip 1. 제시된 굽기 온도는 기본 온도이므로 반죽의 2차 발효상태와 실습장의 오븐환경에 따라 온도를 조절한다.

2. 반죽 윗면의 착색상태를 보고 팬을 돌려줄 시점을 결정하여 완제품의 껍질색을 균일하게 유도한다.

3. 식빵은 다른 품목의 빵에 비하여 반죽의 중량이 많고 크기도 크다. 그래서 낮은 온도에서 장시간 굽기를 한다.

6~7

8

9

10

건포도 종

Raisin Starter

건포도 액종 만들기

Cooking Raisin Liquid Starter

1. 재료 준비: 캘리포니아 건포도 100g, 물 250g, 유기농 설탕 14g

2. 액종 제조 :

① 캘리포니아 건포도를 40℃의 물에 가볍게 씻어 해바라기 씨유를 제거한 후 소독한 삼각플라스크에 먼저 넣는다.

② 26℃의 물에 유기농 설탕을 넣고 용해시킨 후 삼각플라스크에 붓는다.

③ 소독한 실리스토퍼(Sili Stopper)를 삼각플라스크에 끼운다.

④ 쉐이킹 인큐베이터(Shaking Incubator)의 배양온도: 26℃, 배양시간: 72시간, 쉐이킹 속도: 80rpm 등의 배양조건을 설정한 후 넣고 배양한다.

3. 액종 배양 시 상태의 변화를 확인한다.

① 24시간 경과: Ph4.3에서 시작하여 Ph3.9가 되고 물은 연한 갈색으로 변하며, 건포도가 전체적으로 퍼져있다.

② 48시간 경과: Ph3.8이고, 물은 좀 더 진한 갈색으로 변하면서 기포가 발생하기 시작한다. 건포도는 수면위로 올라온다.

③ 72시간 경과: Ph3.7이고, 기포가 좀 더 많이 발생하며 바닥에 약간의 침전물이 보인다.

④ 72시간 경과 후 바로 사용하거나 혹은 5℃의 냉장고에서 24시간 정도 보관하여 허약한 발효미생물을 제거한 후 사용한다.

4. **보관과 사용기간:** 5℃의 냉장고에서 여름에는 7일 정도, 겨울에는 14일 정도의 범위 안에서는 미생물의 개체수와 가스 발생력의 큰 편차 없이 사용이 가능하다.

5. **액종 제조 시 주의할 부분**
   ① 껍질에 존재하는 미생물을 채취하여 배양하기 때문에 건포도는 정치된 40℃의 물에 가볍게 씻는다.
   ② 포도는 제철 생포도와 건포도 등이 있다. 이 책에서는 사시사철 일정한 발효력을 갖고 있는 건포도를 이용하여 실습을 했다. 건포도가 사시사철 일정한 발효력을 갖는 이유는 과학적이고 체계적인 건조공정에서 건조되었기 때문이다.
   ③ 생포도를 건조하는 과정에서 유산균류의 개체수는 감소하고 효모균류의 개체수는 증가하므로 가스 발생력이 좋은 액종을 만드는데 건포도 액종은 매우 효과적이다.
   ④ 액종 제조 시 사용되는 삼각플라스크와 실리스토퍼는 외부환경으로부터 유래하는 병원성 미생물의 오염을 방지하기 위해 수업시간에 소독하여 사용하는 것이 좋다.
   ⑤ 쉐이킹 인큐베이터(Shaking Incubator)의 배양온도와 배양액인 물 온도는 계절에 따라 여름에는 26℃, 겨울에는 28℃로 달리 설정한다. 겨울의 배양온도를 2℃ 높게 설정하는 이유는 식재료에 존재하는 발효 미생물의 활력이 떨어져 있기 때문이다.

건포도 종

Raisin Starter

건포도 원종 만들기

Cooking Raisin Flour Starter

1. **재료 준비 :** 건포도 액종 100g, 유기농 강력분 900g, 물 800g, 소금 18g

2. **인큐베이터(Incubator)의 배양온도:** 26℃

3. **1차 원종 만들기 :**
   ① 강력분 100g, 건포도 액종 100g, 소금 2g을 준비한다.
   ② 강력분에 소금을 넣고 균일하게 섞는다.
   ③ ②에 건포도 액종을 넣고 고무주걱으로 균일하게 섞는다.
   ④ 1차 원종을 인큐베이터(Incubator)에서 12시간 배양한다.

4. **2차 원종 만들기 :**
   ① 1차 원종 전량, 강력분 200g, 물 200g, 소금 4g을 준비한다.
   ② 강력분에 소금을 넣고 균일하게 섞어둔다.
   ③ 1차 원종에 26℃의 계량한 물을 붓는다.
   ④ ③에 ②를 붓고 고무주걱으로 균일하게 섞는다.
   ⑤ 2차 원종을 인큐베이터(Incubator)에서 6시간 배양한다.

5. **3차 원종 만들기 :**
   ① 2차 원종 전량, 강력분 600g, 물 600g, 소금 12g을 준비한다.
   ② 강력분에 소금을 넣고 균일하게 섞어둔다.
   ③ 2차 원종에 26℃의 계량한 물을 붓는다.
   ④ ③에 ②를 붓고 고무주걱으로 균일하게 섞는다.
   ⑤ 3차 원종을 인큐베이터(Incubator)에서 3시간 배양한다.

6. **보관과 사용기간:** 완성된 3차 원종에 강력분 100g, 5℃의 물 100g, 소금 2g을 넣어 섞은 후 5℃의 냉장고에서 여름에

[원종 1차]

3a

[1차 완료점]

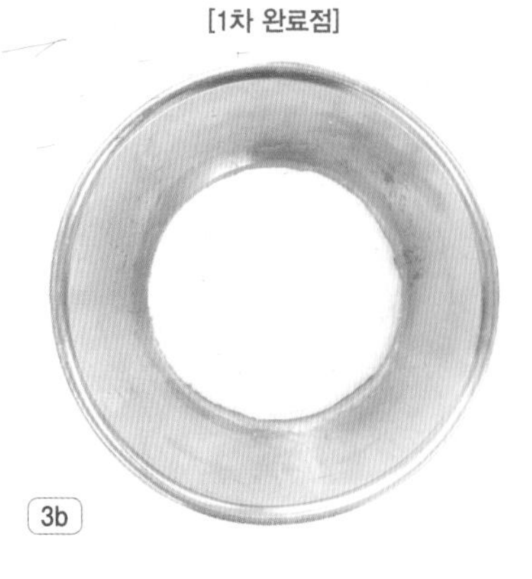

3b

[2차 완료점]

4

는 3일 정도, 겨울에는 6일 정도의 범위 안에서는 미생물의 개체수와 가스 발생력의 큰 편차 없이 사용이 가능하다.

7. **최종적으로 완성되는 원종의 양을 조절하는 방법:** 원종의 계대배양패턴(원종 100: 강력분 100: 물 100: 소금 2)을 이해하고 필요로 하는 원종의 양에 맞추어 계대배양패턴에 대입한다.

8. **원종 제조 시 주의할 부분**

① 원종에 사용하는 밀가루는 반드시 유기농에 단백질 함량이 높은 강력분을 사용한다. 유기농은 농약에 의한 액종의 발효 미생물 증식을 억제하지 않으며, 단백질 함량이 높은 강력분은 원종의 Ph를 높여 발효 미생물의 증식을 돕기 때문이다.

② 원종 희망온도는 계절에 따라 여름에는 26℃, 겨울에는 28℃로 달리 설정한다.

③ 발효실의 배양온도는 계절에 따라 여름에는 26℃, 겨울에는 28℃로 달리 설정한다. 겨울에 발효실의 배양온도와 원종의 희망온도를 2℃ 높게 설정하는 이유는 기기와 도구 및 식재료의 온도가 낮아 발효 미생물의 활력이 떨어지기 때문이다.

④ 원종에 첨가하는 물 온도는 원종 희망온도를 조절하는 가장 효과적인 재료이므로 실습실 온도, 액종 온도, 앞선 원종의 온도 등을 고려하여 물 온도를 결정한다.

⑤ 많은 양의 원종을 만든 후 냉장고에 보관하여 사용하며 이럴 경우 냉장고 안에서도 원종의 발효가 진행된다는 사실을 주지해야 한다.

[3차 완료점]

5

베이컨 에삐

Bacon Epi

건포도를 액종으로 만들어 효모균류를 우점으로 만들고, 다시 원종으로 만들어 밀가루에 잘 적응하는 효모 균류를 선택하여 개체수를 늘린 다음, Starter로 베이컨 에삐 반죽에 사용하였다. 포도의 향과 맛을 표현하며 신맛은 없애고 가볍고 부드러운 식감의 빵을 만든다.

배합표 생산수량: 300g, 8개

재료	무게(g)
건포도 원종	1,000
강력분	1,000
소금	15
설탕	45
물	400
올리브유	45
베이컨	8매

*개수 : 개, 반죽온도 : 27℃

1. 반죽 : 27℃, 최종 단계

① 믹싱 볼에 제일 먼저 종 반죽을 넣는다.

② ①에 강력분을 붓고 가루재료인 소금과 설탕을 넣는다.

③ ②에 액체재료인 물을 넣는다.

④ ③에 올리브유를 넣고 저속 6분, 중속 4분 믹싱한다.

⑤ 완성된 반죽을 비닐봉지에 담아 발효시킨다.

Tip **1.** 글루텐이 생성된 많은 양의 종 반죽과 글루텐을 형성할 수 있는 단백질 함량이 적은 호밀가루가 본 반죽에 들어가므로 저속으로만 오래하여 모든 재료를 균일하게 혼합한다.

2. 반죽온도를 맞추기 위해 사워종은 여름에는 수업 전 냉장고에 보관하여 품온을 낮추고 겨울에는 종의 배양온도를 유지하여 사용한다. 물은 계절에 따라 온도를 적절히 조절하여 사용한다.

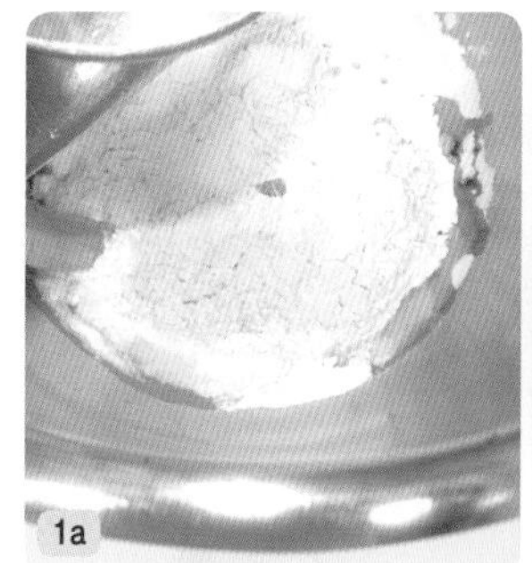
1a

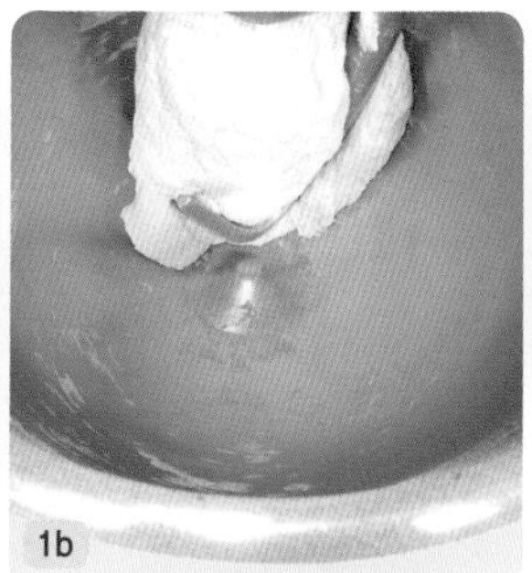
1b

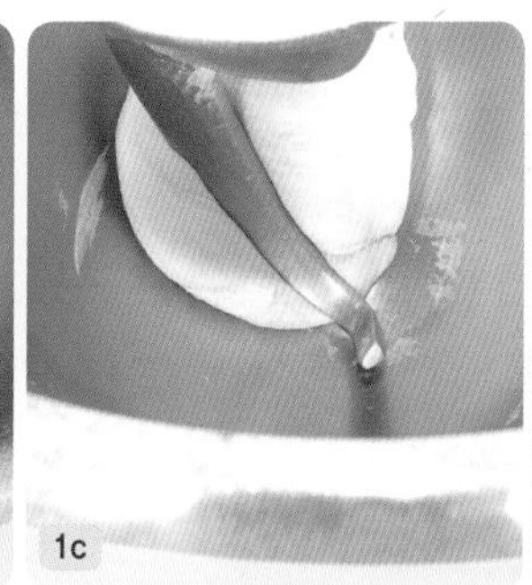
1c

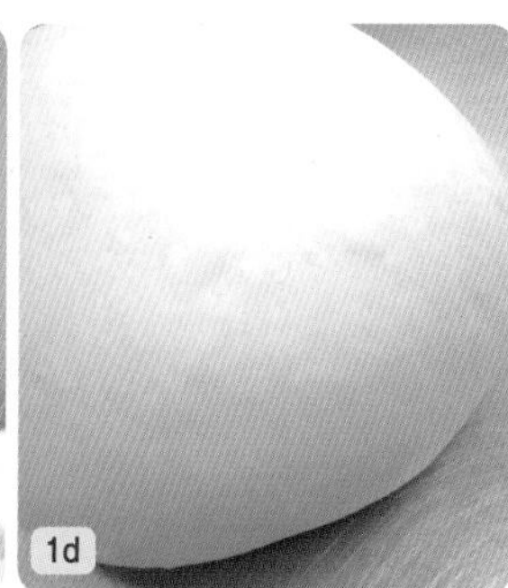
1d

2. 1차 발효 : 계절, 작업장의 온도, 반죽의 양, 냉장고의 성능 등을 고려하여야 한다.

① 고온 발효 : 27℃, 0~60분

② 냉장 숙성 : 5℃, 12~72시간

③ 실온화 : 27℃, 60~120분

Tip 1. 고온 발효에서 미생물의 개체수를 증가시키고 미생물의 발효산물을 생성시킨다.

2. 냉장 숙성에서 작업시간과 숙성의 정도를 조절할 수 있다.

3. 실온화에서 반죽의 온도를 상승시켜 2차 발효시간을 단축시킨다.

3. 분할 : 300g, 8개 → 4. 둥글리기 → 5. 중간 발효 : 20분

Tip 냉장 숙성한 반죽은 반죽에서 차가운 기운을 빼기 위하여 단단하게 둥글리기 한다.

6. 정형 : 베이컨을 넣고 35㎝ 막대기형으로 말아준다.

7. 팬닝 : 면포 위에 정형한 반죽을 놓는다.

Tip 천연발효 반죽은 발효 미생물이 생성시킨 발효산물인 유기산에 의해 단백질과 탄수화물이 용해되어 끈적임이 많다. 그러므로 정형한 반죽의 표면에 덧가루를 충분히 묻혀야 면포에서 잘 떨어진다.

8. 2차 발효 : 30~32℃, 75%, 70~90분

Tip 2차 발효는 가장 짧은 시간 안에 제빵사가 원하는 크기로 반죽을 부풀리고 완제품의 특징에 맞는 질감과 식감을 부여하는 공정이다.

9. 굽기 전 : 실리콘 페이퍼 위에 반죽을 놓고 가위를 이용해 지그재그로 잘라 나뭇잎 모양으로 만들어 준다.

Tip 균일한 간격을 유지할 수 있도록 2차 발효한 반죽을 실리콘 페이퍼 위에 배열한다. 굽기 시 빵의 옆면은 대류에 의해 균일한 착색이 유도되기 때문이다.

10. 굽기 : 160℃/230℃ 분무 후 반죽을 넣고 230℃/180℃ 20분

Tip **1.** 천연발효 반죽의 굽기 시 팽창은 1차 발효 시 생성된 발효 산물의 휘발에 의해 팽창되는 오븐 스프링이다. 따라서 일반적으로 실리콘페이퍼 위에 반죽을 놓고 아랫불을 높게 설정하여 굽기를 한다.

2. 굽기 시 스팀을 분사하면 반죽의 외피에 수막을 형성하여 껍질의 형성을 늦춘다. 그러면 반죽의 오븐 스프링이 커져 완제품의 부피가 크다. 부수적으로 반죽의 외피가 기형적으로 터지는 것을 방지하고 빵의 껍질을 얇게 하고 윤기나게 한다.

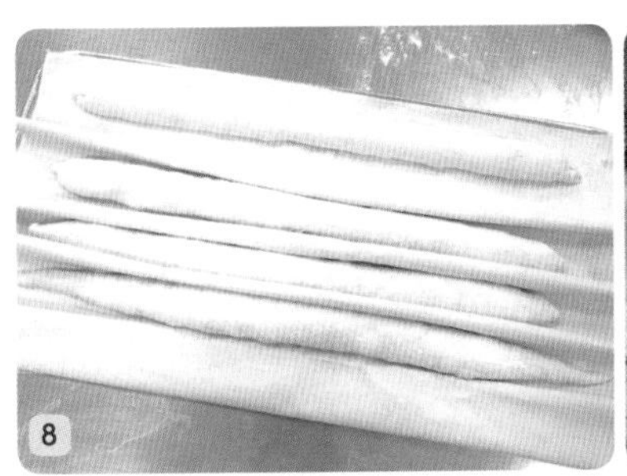
8

9

10

베리·건포도 깜빠뉴

Berry·Raisin Campagne

건포도를 액종으로 만들어 효모균류를 우점으로 만들고, 다시 원종으로 만들어 밀가루에 잘 적응하는 효모 균류를 선택하여 개체수를 늘린 다음, Starter로 베리·건포도 깜빠뉴 반죽에 사용하였다. 포도의 향과 맛을 표현하며 신맛은 없애고 가볍고 부드러운 식감의 빵을 만든다.

배합표 생산수량: 230g, 12개

재료	무게(g)
건포도 원종	1,000
강력분	800
통밀가루	200
소금	15
몰트	4
물	500
올리브유	31
건크랜베리	120
건블루베리	100
건포도	150

1. 반죽 : 27℃, 최종단계

① 믹싱 볼에 제일 먼저 종 반죽을 넣는다.

② ①에 통밀가루, 강력분을 붓고 소금을 넣는다.

③ ②에 액체재료인 몰트와 물을 함께 풀어 넣는다.

④ ③에 올리브유를 넣고 저속 6분, 중속 4분 믹싱한다.

⑤ ④에 건크랜베리, 건블루베리, 건포도를 넣고 저속으로 균일하게 섞는다.

⑥ 완성된 반죽을 비닐봉지에 담아 발효시킨다.

Tip **1.** 글루텐이 생성된 많은 양의 종 반죽과 글루텐을 형성할 수 있는 단백질 함량이 적은 호밀가루가 본 반죽에 들어가므로 저속으로만 오래하여 모든 재료를 균일하게 혼합한다.

2. 반죽온도를 맞추기 위해 사워종은 여름에는 수업 전 냉장고에 보관하여 품온을 낮추고 겨울에는 종의 배양온도를 유지하여 사용한다. 물은 계절에 따라 온도를 적절히 조절하여 사용한다.

3. 건크랜베리, 건블루베리, 건포도 등은 수돗물에 가볍게 씻은 후 찜기로 30~40분 정도 쪄서 사용한다.

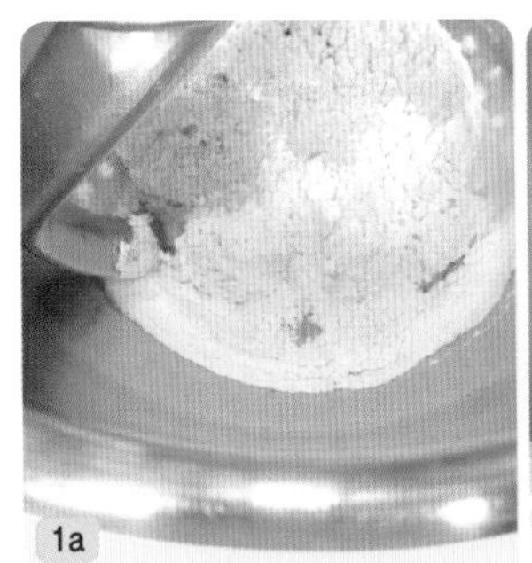
1a

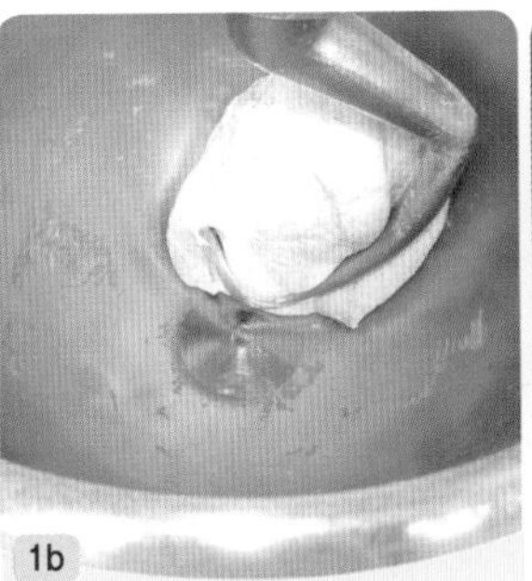
1b

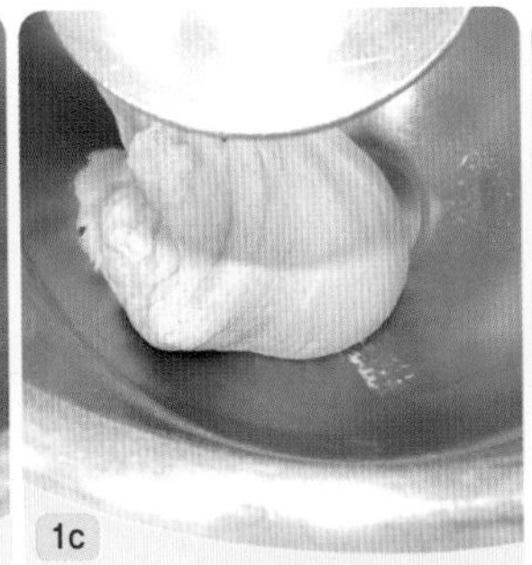
1c

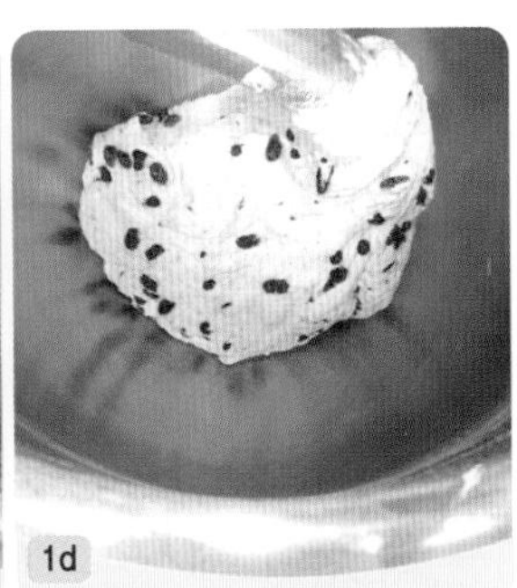
1d

2. 1차 발효 : 계절, 작업장의 온도, 반죽의 양, 냉장고의 성능 등을 고려하여야 한다.

① 고온 발효 : 27℃, 0~60분

② 냉장 숙성 : 5℃, 12~72시간

③ 실온화 : 27℃, 60~120분

Tip 1. 고온 발효에서 미생물의 개체수를 증가시키고 미생물의 발효산물을 생성시킨다.

2. 냉장 숙성에서 작업시간과 숙성의 정도를 조절할 수 있다.

3. 실온화에서 반죽의 온도를 상승시켜 2차 발효시간을 단축시킨다.

3. 분할 : 230g, 12개 → 4. 둥글리기 → 5. 중간 발효 : 20분

Tip 냉장 숙성한 반죽은 반죽에서 차가운 기운을 빼기 위하여 단단하게 둥글리기 한다.

6. 정형 : 타원형으로 만든다.

7. 팬닝 : 면포 위에 정형한 반죽을 놓는다.

Tip 천연발효 반죽은 발효 미생물이 생성시킨 발효산물인 유기산에 의해 단백질과 탄수화물이 용해되어 끈적임이 많다. 그러므로 정형한 반죽의 표면에 덧가루를 충분히 묻혀야 면포에서 잘 떨어진다.

2a

2b

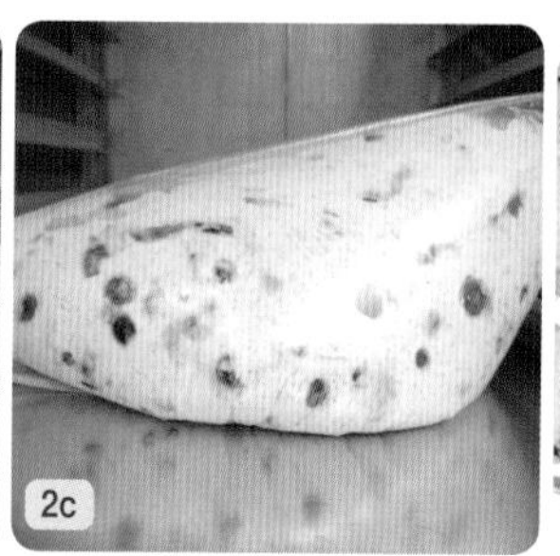
2c

3~5

8. 2차 발효 : 30~32℃, 75%, 70~90분

Tip 2차 발효는 가장 짧은 시간 안에 제빵사가 원하는 크기로 반죽을 부풀리고 완제품의 특징에 맞는 질감과 식감을 부여하는 공정이다.

9. 굽기 전 : 실리콘 페이퍼 위에 반죽을 놓고 반죽의 윗면에 칼집을 낸다.

Tip **1.** 균일한 간격을 유지할 수 있도록 2차 발효한 반죽을 실리콘 페이퍼 위에 배열한다. 굽기 시 빵의 옆면은 대류에 의해 균일한 착색이 유도되기 때문이다.

2. 반죽의 윗면에 칼집을 내면 굽기 시 생성되는 가스가 그곳을 통해 배출되어 기형적 터짐을 방지할 수 있다.

10. 굽기 : 160℃/230℃ 분무 후 반죽을 넣고 240℃/180℃ 22분

Tip **1.** 천연발효 반죽의 굽기 시 팽창은 1차 발효 시 생성된 발효산물의 휘발에 의해 팽창되는 오븐 스프링이다. 따라서 일반적으로 실리콘페이퍼 위에 반죽을 놓고 아랫불을 높게 설정하여 굽기를 한다.

2. 굽기 시 스팀을 분사하면 반죽의 외피에 수막을 형성하여 껍질의 형성을 늦춘다. 그러면 반죽의 오븐 스프링이 커져 완제품의 부피가 크다. 부수적으로 반죽의 외피가 기형적으로 터지는 것을 방지하고 빵의 껍질을 얇게 하고 윤기나게 한다.

8

9

10

와인 브레드

Wine Bread

건포도를 액종으로 만들어 효모균류를 우점으로 만들고, 다시 원종으로 만들어 밀가루에 잘 적응하는 효모균류를 선택하여 개체수를 늘린 다음, Starter로 와인 브레드 반죽에 사용하였다. 포도의 향과 맛을 표현하며 신맛은 없애고 가볍고 부드러운 식감의 빵을 만든다.

배합표 생산수량: 255g, 13개

재료	무게(g)
건포도 원종	1,000
강력분	1,200
통밀가루	100
설탕	75
소금	18
분유	75
올리브유	95
건포도	300
와인	600

1. 반죽 : 27℃, 최종단계

① 믹싱 볼에 제일 먼저 종 반죽을 넣는다.
② ①에 통밀가루, 강력분을 붓고 가루재료인 소금, 설탕, 분유를 넣는다.
③ ②에 액체재료인 몰트와 물을 함께 풀어 넣는다.
④ ③에 올리브유를 넣고 저속 6분, 중속 4분 믹싱한다.
⑤ ④에 건포도를 넣고 저속으로 균일하게 섞는다.
⑥ 완성된 반죽을 비닐봉지에 담아 발효시킨다.

Tip **1.** 글루텐이 생성된 많은 양의 종 반죽이 본 반죽에 들어가므로 저속을 오래하여 모든 재료를 균일하게 혼합하며, 글루텐의 생성, 발전이 빠르므로 중속은 짧게 한다.

2. 반죽온도를 맞추기 위해 사워종은 여름에는 수업 전 냉장고에 보관하여 품온을 낮추고 겨울에는 종의 배양온도를 유지하여 사용한다. 물은 계절에 따라 온도를 적절히 조절하여 사용한다.

1a

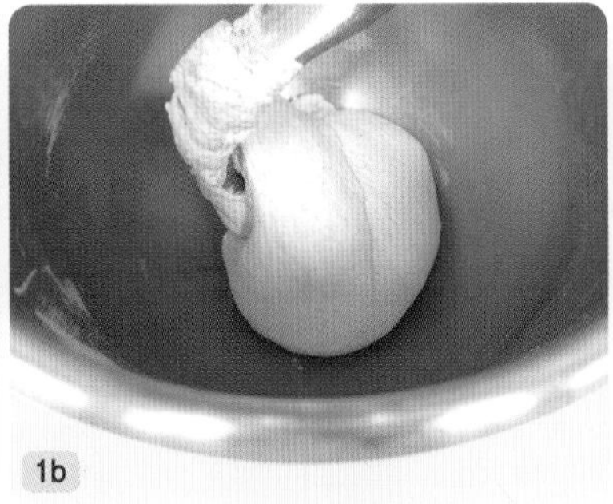
1b

1c

2. 1차 발효 : 계절, 작업장의 온도, 반죽의 양, 냉장고의 성능 등을 고려하여야 한다.

① 고온 발효 : 27℃, 0~60분

② 냉장 숙성 : 5℃, 12~72시간

③ 실온화 : 27℃, 60~120분

Tip 1. 고온 발효에서 미생물의 개체수를 증가시키고 미생물의 발효산물을 생성시킨다.

2. 냉장 숙성에서 작업시간과 숙성의 정도를 조절할 수 있다.

3. 실온화에서 반죽의 온도를 상승시켜 2차 발효시간을 단축시킨다.

3. 분할 : 255g, 13개 → 4. 둥글리기 → 5. 중간 발효 : 20분

Tip 냉장 숙성한 반죽은 반죽에서 차가운 기운을 빼기 위하여 단단하게 둥글리기 한다.

6. 정형 : 20㎝ 길이의 막대기형으로 만든다.

7. 팬닝 : 면포 위에 정형한 반죽을 놓는다.

Tip 천연발효 반죽은 발효 미생물이 생성시킨 발효산물인 유기산에 의해 단백질과 탄수화물이 용해되어 끈적임이 많다. 그러므로 정형한 반죽의 표면에 덧가루를 충분히 묻혀야 면포에서 잘 떨어진다.

2a

2b

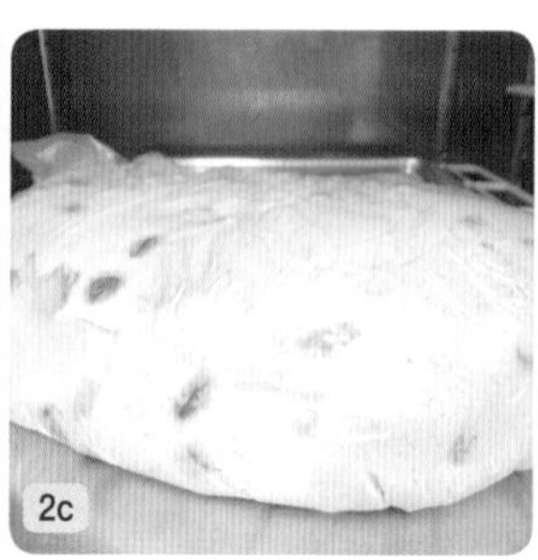

2c

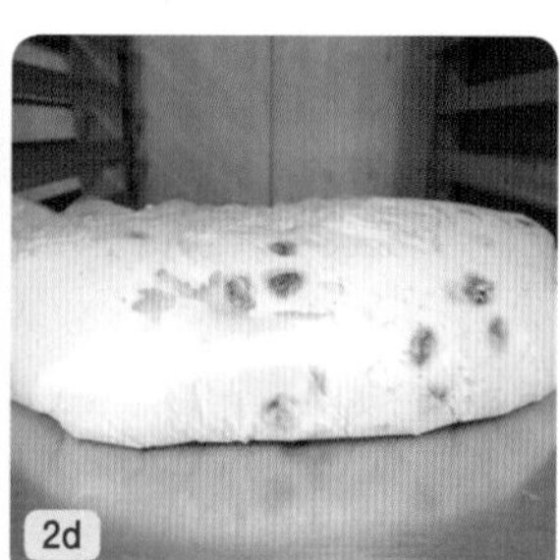

2d

8. 2차 발효 : 30~32℃, 75%, 70~90분

Tip 2차 발효는 가장 짧은 시간 안에 제빵사가 원하는 크기로 반죽을 부풀리고 완제품의 특징에 맞는 질감과 식감을 부여하는 공정이다.

9. 굽기 전 : 실리콘 페이퍼 위에 반죽을 놓고 반죽의 윗면에 칼집을 낸다.

Tip **1.** 균일한 간격을 유지할 수 있도록 2차 발효한 반죽을 실리콘 페이퍼 위에 배열한다. 굽기 시 빵의 옆면은 대류에 의해 균일한 착색이 유도되기 때문이다.

2. 반죽의 윗면에 칼집을 내면 굽기 시 생성되는 가스가 그곳을 통해 배출되어 기형적 터짐을 방지할 수 있다.

10. 굽기 : 160℃/230℃ 분무 후 반죽을 넣고 240℃/180℃ 22분

Tip **1.** 천연발효 반죽의 굽기 시 팽창은 1차 발효 시 생성된 발효 산물의 휘발에 의해 팽창되는 오븐 스프링이다. 따라서 일반적으로 실리콘페이퍼 위에 반죽을 놓고 아랫불을 높게 설정하여 굽기를 한다.

2. 굽기 시 스팀을 분사하면 반죽의 외피에 수막을 형성하여 껍질의 형성을 늦춘다. 그러면 반죽의 오븐 스프링이 커져 완제품의 부피가 크다. 부수적으로 반죽의 외피가 기형적으로 터지는 것을 방지하고 빵의 껍질을 얇게 하고 윤기나게 한다.

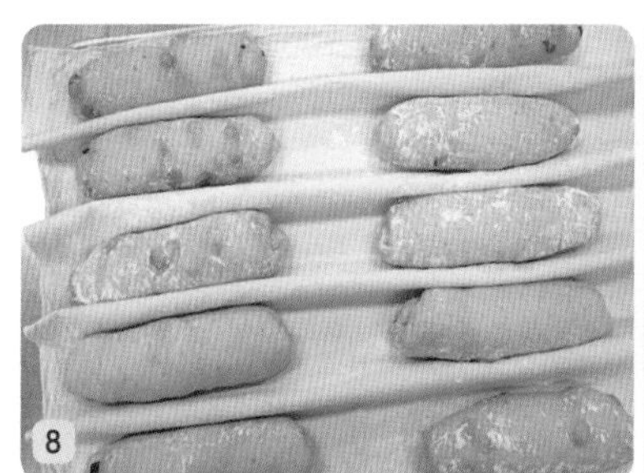
8

9

10

무화과 종

Fig Starter

무화과 액종 만들기

Cooking Fig Liquid Starter

1. 재료준비: 건무화과 50g, 물 225g, 포도당 40g, 레몬주스 4g

2. 액종 제조

① 건무화과를 소독한 삼각플라스크에 먼저 넣는다.

② 26℃의 물에 포도당, 레몬주스를 넣고 용해시킨 후 삼각플라스크에 붓는다.

③ 소독한 실리스토퍼(Sili Stopper)를 삼각플라스크에 끼운다.

④ 쉐이킹 인큐베이터(Shaking Incubator)의 배양온도: 26℃, 배양시간: 72시간, 쉐이킹 속도: 80rpm 등의 배양조건을 설정한 후 넣고 배양한다.

3. 액종 배양 시 상태의 변화를 확인한다.

① 24시간 경과: pH4.3에서 시작하여 pH4.2가 되고 물은 연한 갈색으로 변하며, 건무화과가 바닥에 가라앉아있다.

② 48시간 경과: pH4.0이고, 물은 좀 더 진한 갈색으로 변하면서 기포가 발생하기 시작한다. 건무화과는 수면위로 올라온다.

③ 72시간 경과: pH3.9이고, 기포가 좀 더 많이 발생하며 바닥에 약간의 침전물이 보인다.

④ 72시간 경과 후 바로 사용하거나 혹은 5℃의 냉장고에서 24시간 정도 보관하여 허약한 발효미생물을 제거한 후 사용한다.

4. 보관과 사용기간: 5℃의 냉장고에서 여름에는 7일 정도, 겨울에는 14일 정도의 범위 안에서는 미생물의 개체수와 가스 발생력의 큰 편차 없이 사용이 가능하다.

5. 액종 제조 시 주의할 부분

① 건무화과 껍질은 오일 코팅이 되어 있지 않으므로 물에 씻지 않고 바로 사용한다.

② 무화과는 제철 생무화과와 건무화과 등이 있다. 이 책에서는 사시사철 구매가 가능한 건무화과를 이용하여 실습을 했다. 생무화과를 건조하는 과정에서 유산균류의 개체수는 감소하고 효모균류의 개체수는 증가하므로 가스 발생력이 좋은 액종을 만드는데 건무화과는 효과적이다.

③ 건무화과는 건포도와 비교할 때 가스 발생력이 일정하지는 않다. 무화과 건조 시 일정한 건조공정을 거치지 않고 자연건조를 시키기 때문이다.

④ 액종 제조 시 사용되는 삼각플라스크와 실리스토퍼는 외부환경으로부터 유래하는 병원성 미생물의 오염을 방지하기 위해 수업시간에 소독하여 사용하는 것이 좋다.

⑤ 쉐이킹 인큐베이터(Shaking Incubator)의 배양온도와 배양액인 물 온도는 계절에 따라 여름에는 26℃, 겨울에는 28℃로 달리 설정한다. 겨울의 배양온도를 2℃ 높게 설정하는 이유는 식재료에 존재하는 발효 미생물의 활력이 떨어져 있기 때문이다.

[48시간 경과] 3b

[72시간 경과 (액종 완료점)] 3c

무화과 종

Fig Starter

무화과 원종 만들기

Cooking Fig Flour Starter

1. **재료준비:** 건무화과 액종 100g, 유기농 강력분 900g, 물 800g, 소금 18g

2. **인큐베이터(Incubator)의 배양온도:** 26℃

3. **1차 원종 만들기 :**
   ① 강력분 100g, 건무화과 액종 100g, 소금 2g을 준비한다.
   ② 강력분에 소금을 넣고 균일하게 섞는다.
   ③ ②에 건무화과 액종을 넣고 고무주걱으로 균일하게 섞는다.
   ④ 1차 원종을 인큐베이터(Incubator)에서 12시간 배양한다.

4. **2차 원종 만들기 :**
   ① 1차 원종 전량, 강력분 200g, 물 200g, 소금 4g을 준비한다.
   ② 강력분에 소금을 넣고 균일하게 섞어둔다.
   ③ 1차 원종에 26℃의 계량한 물을 붓는다.
   ④ ③에 ②를 붓고 고무주걱으로 균일하게 섞는다.
   ⑤ 2차 원종을 인큐베이터(Incubator)에서 6시간 배양한다.

5. **3차 원종 만들기 :**
   ① 2차 원종 전량, 강력분 600g, 물 600g, 소금 12g을 준비한다.
   ② 강력분에 소금을 넣고 균일하게 섞어둔다.
   ③ 2차 원종에 26℃의 계량한 물을 붓는다.
   ④ ③에 ②를 붓고 고무주걱으로 균일하게 섞는다.
   ⑤ 3차 원종을 인큐베이터(Incubator)에서 3시간 배양한다.

6. **보관과 사용기간:** 완성된 3차 원종에 강력분 100g, 5℃의

[원종 1차]

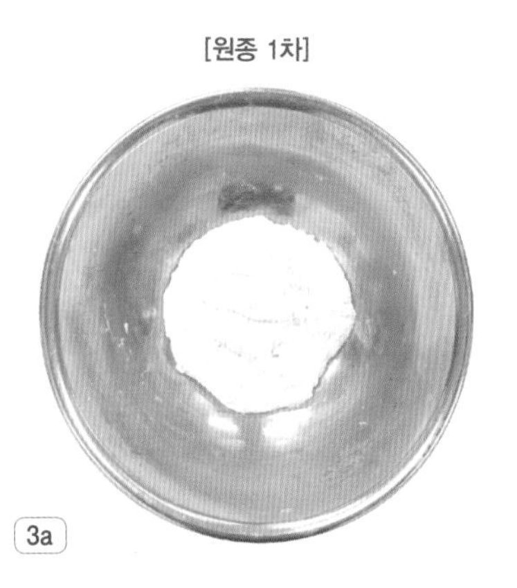

3a

[1차 완료점]

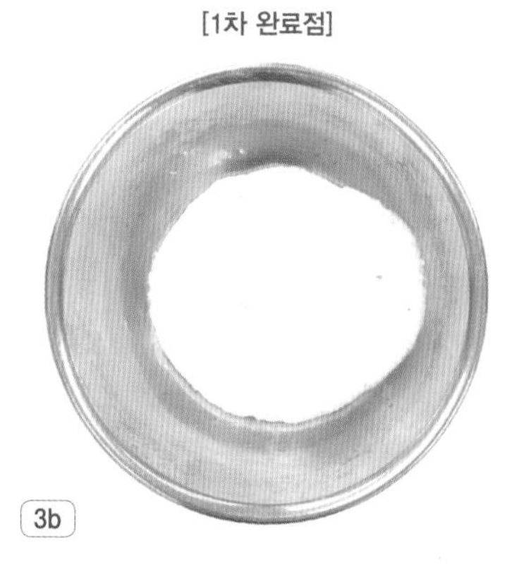

3b

[2차 완료점]

4

물 100g, 소금 2g을 넣어 섞은 후 5℃의 냉장고에서 여름에는 3일 정도, 겨울에는 6일 정도의 범위 안에서는 미생물의 개체수와 가스 발생력의 큰 편차 없이 사용이 가능하다.

7. **최종적으로 완성되는 원종의 양을 조절하는 방법:** 원종의 계대배양패턴(원종 100: 강력분 100: 물 100: 소금 2)을 이해하고 필요로 하는 원종의 양에 맞추어 계대배양패턴에 대입한다.

8. **원종 제조 시 주의할 부분**

① 원종에 사용하는 밀가루는 반드시 유기농에 단백질 함량이 높은 강력분을 사용한다. 유기농은 농약에 의한 액종의 발효 미생물 증식을 억제하지 않으며, 단백질 함량이 높은 강력분은 원종의 Ph를 높여 발효 미생물의 증식을 돕기 때문이다.

② 원종 희망온도는 계절에 따라 여름에는 26℃, 겨울에는 28℃로 달리 설정한다.

③ 발효실의 배양온도는 계절에 따라 여름에는 26℃, 겨울에는 28℃로 달리 설정한다. 이렇듯 겨울에는 발효실의 배양온도와 원종의 희망온도를 2℃ 높게 설정하는데 이유는 기기와 도구 및 식재료의 온도가 낮아 발효 미생물의 활력이 떨어지기 때문이다.

④ 원종에 첨가하는 물 온도는 원종 희망온도를 조절하는 가장 효과적인 재료이므로 실습실 온도, 액종 온도, 앞선 원종의 온도 등을 고려하여 물 온도를 결정한다.

⑤ 많은 양의 원종을 만든 후 냉장고에 보관하여 사용하며 이럴 경우 냉장고 안에서도 원종의 발효가 진행된다는 사실을 주지해야 한다.

[3차 완료점]

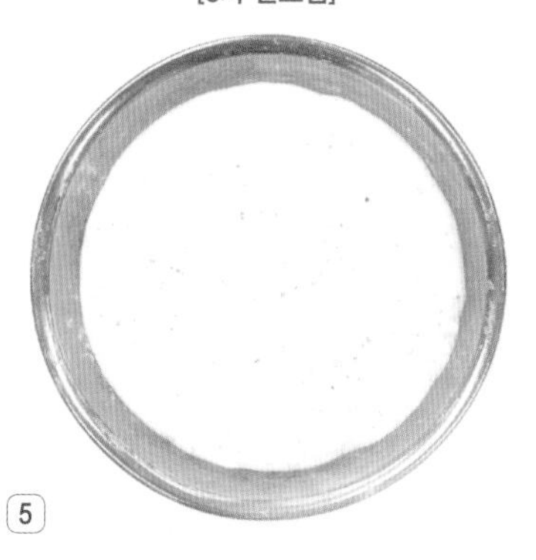

5

무화과 브레드

Figs Bread

건무화과를 액종으로 만들어 효모균류를 우점으로 만들고, 다시 원종으로 만들어 밀가루에 잘 적응하는 효모균류를 선택하여 개체수를 늘린 다음, Starter로 무화과 브레드 반죽에 사용하였다. 무화과의 향과 맛을 표현하며 신맛은 없애고 가볍고 부드러운 식감의 빵을 만든다.

배합표 생산수량: 245g, 10개

재료	무게(g)
무화과 원종	1,000
강력분	1,000
설탕	30
소금	10
몰트	4
물	460
올리브유	45
럼에 절인 건무화과	400

1. 반죽 : 27℃, 최종단계

① 믹싱 볼에 제일 먼저 종 반죽을 넣는다.

② ①에 강력분을 붓고 가루재료인 소금, 설탕을 넣는다.

③ ②에 액체재료인 몰트와 물을 함께 풀어 넣는다.

④ ③에 올리브유를 넣고 저속 6분, 중속 4분 믹싱한다.

⑤ 완성된 반죽을 비닐봉지에 담아 발효시킨다.

Tip **1.** 글루텐이 생성된 많은 양의 종 반죽이 본 반죽에 들어가므로 저속을 오래하여 모든 재료를 균일하게 혼합하며, 글루텐의 생성, 발전이 빠르므로 중속은 짧게 한다.

2. 반죽온도를 맞추기 위해 사워종은 여름에는 수업 전 냉장고에 보관하여 품온을 낮추고 겨울에는 종의 배양온도를 유지하여 사용한다. 물은 계절에 따라 온도를 적절히 조절하여 사용한다.

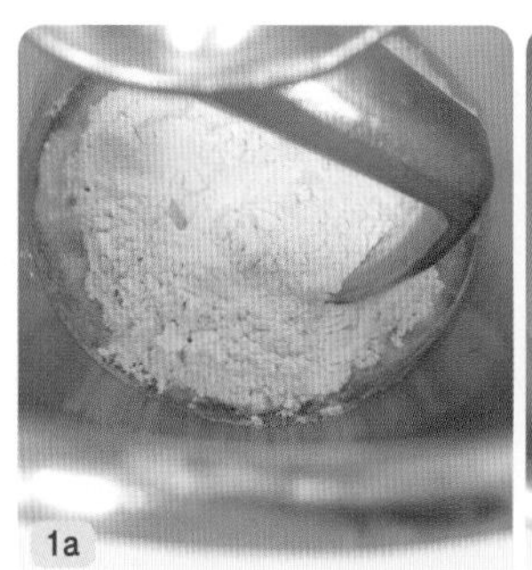
1a

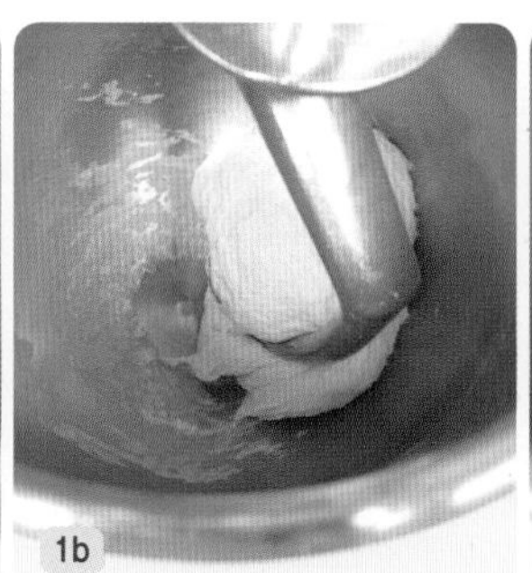
1b

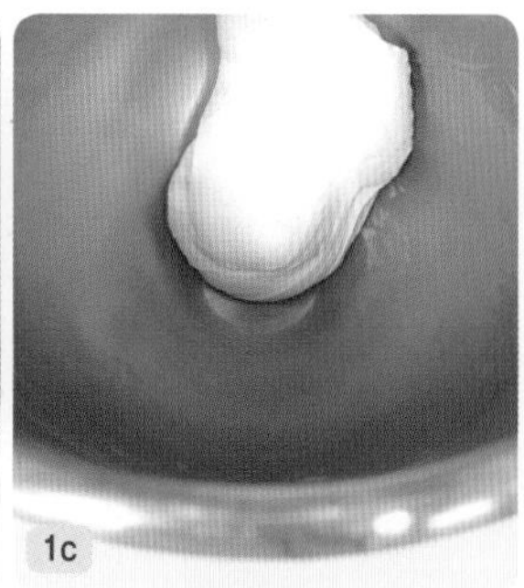
1c

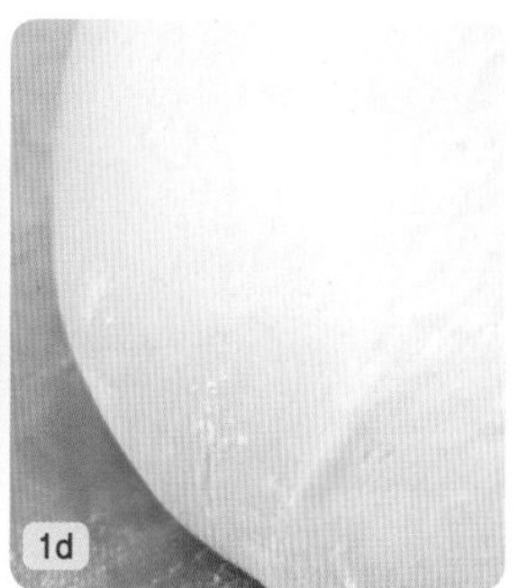
1d

2. 1차 발효 : 계절, 작업장의 온도, 반죽의 양, 냉장고의 성능 등을 고려하여야 한다.

① 고온 발효 : 27℃, 0~60분

② 냉장 숙성 : 5℃, 12~72시간

③ 실온화 : 27℃, 60~120분

Tip 1. 고온 발효에서 미생물의 개체수를 증가시키고 미생물의 발효산물을 생성시킨다.

2. 냉장 숙성에서 작업시간과 숙성의 정도를 조절할 수 있다.

3. 실온화에서 반죽의 온도를 상승시켜 2차 발효시간을 단축시킨다.

3. 분할 : 245g, 10개 → 4. 둥글리기 → 5. 중간 발효 : 20분

Tip 냉장 숙성한 반죽은 반죽에서 차가운 기운을 빼기 위하여 단단하게 둥글리기 한다.

6. 정형 : 건무화과 40g을 넣어 타원형으로 말아준다.

7. 팬닝 : 면포 위에 정형한 반죽을 놓는다.

Tip 천연발효 반죽은 발효 미생물이 생성시킨 발효산물인 유기산에 의해 단백질과 탄수화물이 용해되어 끈적임이 많다. 그러므로 정형한 반죽의 표면에 덧가루를 충분히 묻혀야 면포에서 잘 떨어진다.

8. 2차 발효 : 30~32℃, 75%, 70~90분

Tip 2차 발효는 가장 짧은 시간 안에 제빵사가 원하는 크기로 반죽을 부풀리고 완제품의 특징에 맞는 질감과 식감을 부여하는 공정이다.

9. 굽기 전 : 실리콘 페이퍼 위에 반죽을 놓고 반죽의 윗면에 칼집을 낸다.

Tip **1.** 균일한 간격을 유지할 수 있도록 2차 발효한 반죽을 실리콘 페이퍼 위에 배열한다. 굽기 시 빵의 옆면은 대류에 의해 균일한 착색이 유도되기 때문이다.

2. 반죽의 윗면에 칼집을 내면 굽기 시 생성되는 가스가 그곳을 통해 배출되어 기형적 터짐을 방지할 수 있다.

10. 굽기 : 160℃/230℃ 분무 후 반죽을 넣고 240℃/180℃ 22분

Tip **1.** 천연발효 반죽의 굽기 시 팽창은 1차 발효 시 생성된 발효산물의 휘발에 의해 팽창되는 오븐 스프링이다. 따라서 일반적으로 실리콘페이퍼 위에 반죽을 놓고 아랫불을 높게 설정하여 굽기를 한다.

2. 굽기 시 스팀을 분사하면 반죽의 외피에 수막을 형성하여 껍질의 형성을 늦춘다. 그러면 반죽의 오븐 스프링이 커져 완제품의 부피가 크다. 부수적으로 반죽의 외피가 기형적으로 터지는 것을 방지하고 빵의 껍질을 얇게 하고 윤기나게 한다.

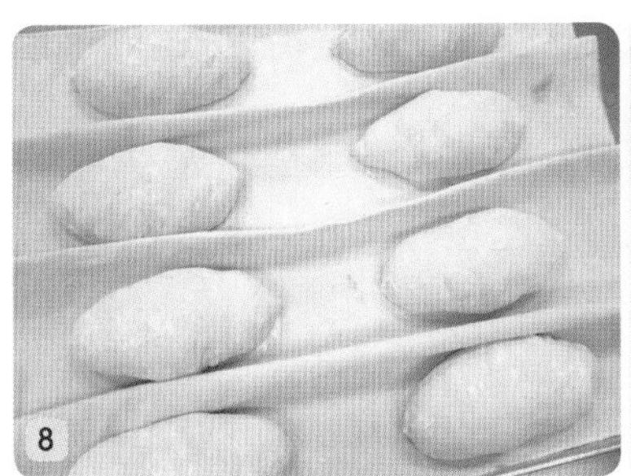
8

9

10

살구 깜빠뉴
Apricots Campagne

건무화과를 액종으로 만들어 효모균류를 우점으로 만들고, 다시 원종으로 만들어 밀가루에 잘 적응하는 효모균류를 선택하여 개체수를 늘린 다음, Starter로 살구 깜빠뉴 반죽에 사용하였다. 무화과의 향과 맛을 표현하며 신맛은 없애고 가볍고 부드러운 식감의 빵을 만든다.

배합표 생산수량: 245g, 11개

재료	무게(g)
무화과 원종	1,000
강력분	900
호밀가루	100
소금	15
몰트	5
물	470
건살구	300

1. 반죽 : 27℃, 최종 단계

① 믹싱 볼에 제일 먼저 종 반죽을 넣는다.

② ①에 호밀가루, 강력분을 붓고 소금을 넣는다.

③ ②에 액체재료인 몰트와 물을 함께 풀어 넣는다.

④ ③에 올리브유를 넣고 저속 6분, 중속 4분 믹싱한다.

⑤ ④에 건살구를 넣고 저속으로 균일하게 섞는다.

⑥ 완성된 반죽을 비닐봉지에 담아 발효시킨다.

Tip **1.** 글루텐이 생성된 많은 양의 종 반죽이 본 반죽에 들어가므로 저속을 오래하여 모든 재료를 균일하게 혼합하며, 글루텐의 생성, 발전이 빠르므로 중속은 짧게 한다.

2. 반죽온도를 맞추기 위해 사워종은 여름에는 수업 전 냉장고에 보관하여 품온을 낮추고 겨울에는 종의 배양온도를 유지하여 사용한다. 물은 계절에 따라 온도를 적절히 조절하여 사용한다.

1a

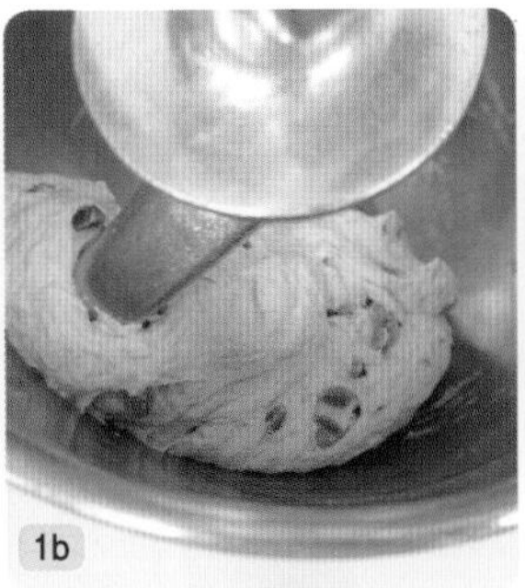
1b

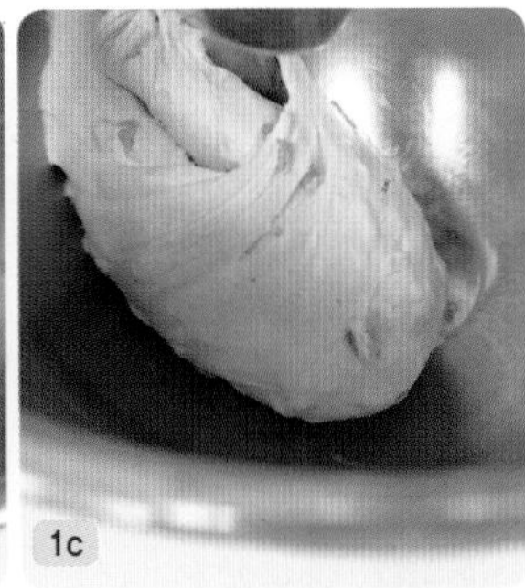
1c

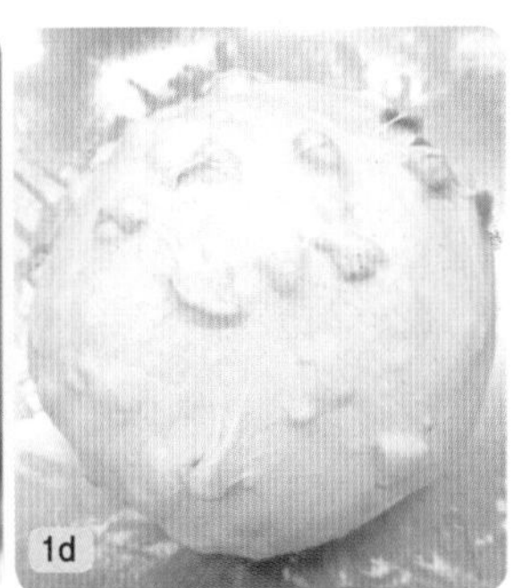
1d

2. 1차 발효 : 계절, 작업장의 온도, 반죽의 양, 냉장고의 성능 등을 고려하여야 한다.

① 고온 발효 : 27℃, 0~60분

② 냉장 숙성 : 5℃, 12~72시간

③ 실온화 : 27℃, 60~120분

Tip 1. 고온 발효에서 미생물의 개체수를 증가시키고 미생물의 발효산물을 생성시킨다.

2. 냉장 숙성에서 작업시간과 숙성의 정도를 조절할 수 있다.

3. 실온화에서 반죽의 온도를 상승시켜 2차 발효시간을 단축시킨다.

3. 분할 : 245g, 11개 → 4. 둥글리기 → 5. 중간 발효 : 20분

Tip 냉장 숙성한 반죽은 반죽에서 차가운 기운을 빼기 위하여 단단하게 둥글리기 한다.

6. 정형 : 타원형으로 만든다.

7. 팬닝 : 면포 위에 정형한 반죽을 놓는다.

Tip 천연발효 반죽은 발효 미생물이 생성시킨 발효산물인 유기산에 의해 단백질과 탄수화물이 용해되어 끈적임이 많다. 그러므로 정형한 반죽의 표면에 덧가루를 충분히 묻혀야 면포에서 잘 떨어진다.

8. 2차 발효 : 30~32℃, 75%, 70~90분

Tip 2차 발효는 가장 짧은 시간 안에 제빵사가 원하는 크기로 반죽을 부풀리고 완제품의 특징에 맞는 질감과 식감을 부여하는 공정이다.

9. 굽기 전 : 실리콘 페이퍼 위에 반죽을 놓고 반죽의 윗면에 칼집을 낸다.

Tip **1.** 균일한 간격을 유지할 수 있도록 2차 발효한 반죽을 실리콘 페이퍼 위에 배열한다. 굽기 시 빵의 옆면은 대류에 의해 균일한 착색이 유도되기 때문이다.

2. 반죽의 윗면에 칼집을 내면 굽기 시 생성되는 가스가 그곳을 통해 배출되어 기형적 터짐을 방지할 수 있다.

10. 굽기 : 160℃/230℃ 분무 후 반죽을 넣고 240℃/180℃ 22분

Tip **1.** 천연발효 반죽의 굽기 시 팽창은 1차 발효 시 생성된 발효 산물의 휘발에 의해 팽창되는 오븐 스프링이다. 따라서 일반적으로 실리콘페이퍼 위에 반죽을 놓고 아랫불을 높게 설정하여 굽기를 한다.

2. 굽기 시 스팀을 분사하면 반죽의 외피에 수막을 형성하여 껍질의 형성을 늦춘다. 그러면 반죽의 오븐 스프링이 커져 완제품의 부피가 크다. 부수적으로 반죽의 외피가 기형적으로 터지는 것을 방지하고 빵의 껍질을 얇게 하고 윤기나게 한다.

8

9

10

차파티

Chapatti

건무화과를 액종으로 만들어 효모균류를 우점으로 만들고, 다시 원종으로 만들어 밀가루에 잘 적응하는 효모균류를 선택하여 개체수를 늘린 다음, Starter로 챠파티 반죽에 사용하였다. 무화과의 향과 맛을 표현하며 신맛은 없애고 가볍고 부드러운 식감의 빵을 만든다.

배합표 생산수량: 155g, 8개

재료	무게(g)
무화과 원종	500
강력분	450
통밀가루	50
소금	7
물	275

*개수 : 개, 반죽온도 : 27℃

1. 반죽 : 27℃, 최종단계

① 믹싱 볼에 제일 먼저 종 반죽을 넣는다.

② ①에 통밀가루, 강력분을 붓고 소금을 넣는다.

③ ②에 액체재료인 물을 넣고 저속 6분, 중속 4분 믹싱한다.

④ 완성된 반죽을 비닐봉지에 담아 발효시킨다.

Tip

1. 글루텐이 생성된 많은 양의 종 반죽이 본 반죽에 들어가므로 저속을 오래하여 모든 재료를 균일하게 혼합하며, 글루텐의 생성, 발전이 빠르므로 중속은 짧게 한다.

2. 반죽온도를 맞추기 위해 사워종은 여름에는 수업 전 냉장고에 보관하여 품온을 낮추고 겨울에는 종의 배양온도를 유지하여 사용한다. 물은 계절에 따라 온도를 적절히 조절하여 사용한다.

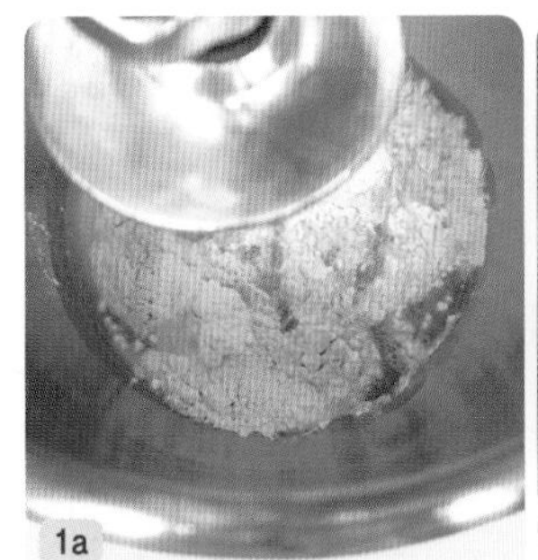
1a

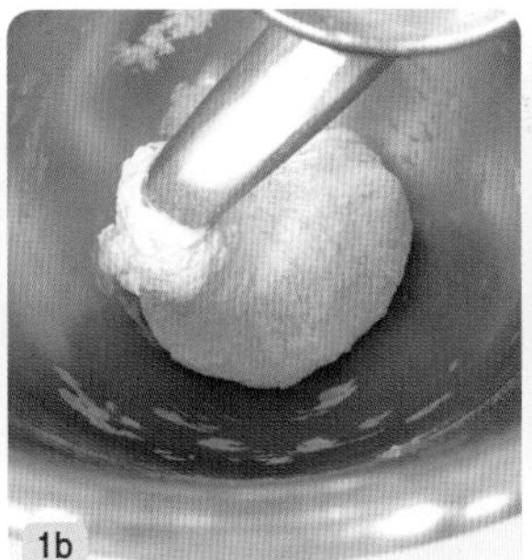
1b

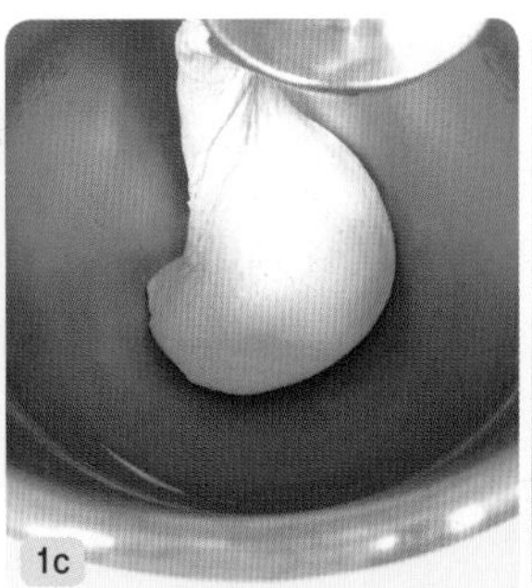
1c

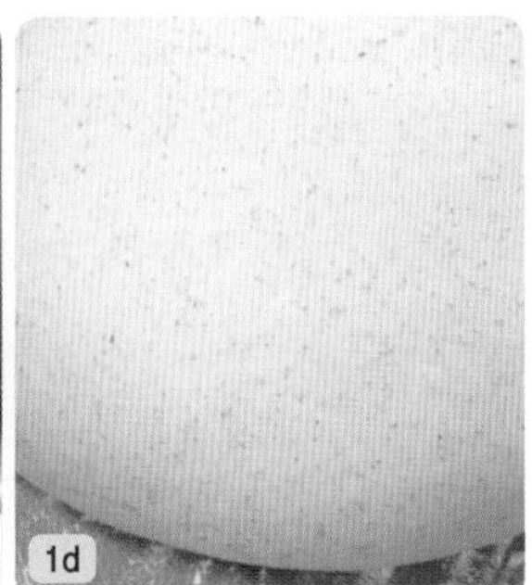
1d

2. **1차 발효** : 계절, 작업장의 온도, 반죽의 양, 냉장고의 성능 등을 고려하여야 한다.

① 고온 발효 : 27℃, 0~60분

② 냉장 숙성 : 5℃, 12~72시간

③ 실온화 : 27℃, 60~120분

Tip 1. 고온 발효에서 미생물의 개체수를 증가시키고 미생물의 발효산물을 생성시킨다.

2. 냉장 숙성에서 작업시간과 숙성의 정도를 조절할 수 있다.

3. 실온화에서 반죽의 온도를 상승시켜 2차 발효시간을 단축시킨다.

3. **분할** : 155g, 8개

Tip 반죽과 발효 과정에서 형성된 글루텐 막의 손상이 최소화 될 수 있도록 대강의 반죽 무게를 짐작하여 한두 번의 반죽 가감으로 제시된 분할중량에 맞게 나눈다.

4. **둥글리기**

Tip 1. 냉장 숙성한 반죽은 반죽에서 차가운 기운을 빼기 위하여 단단하게 둥글리기 한다.

2. 양손으로 반죽을 살짝 감싸고 양손 날은 작업대 위에 붙여 한 방향 원형으로 굴린다. 반죽을 한 방향 원형으로 굴리면서 표피가 찢어지지 않도록 주의하면서 표면이 매끄럽고 모양과 크기가 일정하도록 둥글린다.

5. 중간 발효 : 20분

Tip 중간 발효시간과 발효장소는 성형 시 필요한 반죽의 신장성과 가소성, 계절과 작업장의 온도를 감안하여 결정한다. 발효장소(작업대 혹은 발효실)

6. 정형 : 두께 2mm 정도로 밀어 펴기를 한다.

Tip 덧가루를 충분히 뿌린 후 반죽을 돌려가며 밀대로 밀어 펴기를 하면 효과적이다.

7. 팬닝 : 실리콘페이퍼에 2개씩 놓는다.

Tip 균일한 간격을 유지할 수 있도록 정형한 반죽을 실리콘 페이퍼 위에 배열한다. 굽기 시 균일한 대류에 의해 안정된 팽창이 유도되기 때문이다.

8. 굽기 : 220℃/200℃ 6분

Tip **1.** 천연발효 반죽의 굽기 시 팽창은 1차 발효 시 생성된 발효산물의 휘발에 의해 팽창되는 오븐 스프링이다. 따라서 일반적으로 실리콘페이퍼 위에 반죽을 놓고 아랫불을 높게 설정하여 굽기를 한다. 그러나 챠바티는 반죽의 두께가 얇아 아랫불 뿐만 아니라 윗불도 높게 설정했다.

2. 제시된 굽기 온도는 기본 온도이므로 반죽의 숙성상태와 실습장의 오븐환경에 따라 온도를 조절한다.

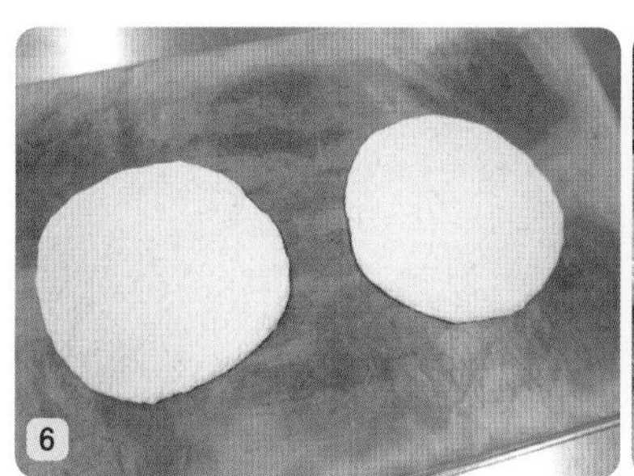
6

7

8

블루베리 종
Blueberry Starter

블루베리 액종 만들기
Cooking Blueberry Liquid Starter

1. 재료준비: 건블루베리 50g, 물 200g, 유기농 설탕 2g, 탈지분유 25g

2. 액종 제조

① 건블루베리를 40℃의 물에 가볍게 씻어 해바라기씨유를 제거한 후 소독한 삼각플라스크에 먼저 넣는다.

② 26℃의 물에 유기농 설탕, 분유를 넣고 용해시킨 후 삼각플라스크에 붓는다.

③ 소독한 실리스토퍼(Sili Stopper)를 삼각플라스크에 끼운다.

④ 쉐이킹 인큐베이터(Shaking Incubator)의 배양온도: 26℃, 배양시간: 72시간, 쉐이킹 속도: 80rpm 등의 배양조건을 설정한 후 넣고 배양한다.

3. 액종 배양 시 상태의 변화를 확인한다.

① 24시간 경과: Ph5.1에서 시작하여 Ph3.5가 되고 물은 연한 보라색으로 변하며, 건블루베리가 전체적으로 퍼져있다.

② 48시간 경과: Ph3.4이고, 물은 좀 더 진한 보라색으로 변하면서 기포가 발생하기 시작한다. 건블루베리는 수면위로 올라온다.

③ 72시간 경과: Ph3.3이고, 기포가 좀 더 많이 발생하며 바닥에 약간의 침전물이 보인다.

④ 72시간 경과 후 바로 사용하거나 혹은 5℃의 냉장고에서 24시간 정도 보관하여 허약한 발효미생물을 제거한 후 사용한다.

[재료 준비] 1
[액종 제조] 2
[24시간 경과] 3a

4. 보관과 사용기간: 5℃의 냉장고에서 여름에는 7일 정도, 겨울에는 14일 정도의 범위 안에서는 미생물의 개체수와 가스 발생력의 큰 편차 없이 사용이 가능하다.

5. 액종 제조 시 주의할 부분

① 껍질에 존재하는 미생물을 채취하여 배양하기 때문에 건블루베리는 정치된 40℃의 물에 가볍게 씻는다.

② 블루베리는 제철 생블루베리와 건블루베리 등이 있다. 이 책에서는 사시사철 일정한 발효력을 갖고 있는 건블루베리를 이용하여 실습을 했다. 건블루베리가 사시사철 일정한 발효력을 갖는 이유는 과학적이고 체계적인 건조공정에서 건조되었기 때문이다.

③ 생블루베리를 건조하는 과정에서 유산균류의 개체수는 감소하고 효모균류의 개체수는 증가하므로 가스 발생력이 좋은 액종을 만들 수 있다.

④ 액종 제조 시 사용되는 삼각플라스크와 실리스토퍼는 외부환경으로부터 유래하는 병원성 미생물의 오염을 방지하기 위해 수업시간에 소독하여 사용하는 것이 좋다.

⑤ 쉐이킹 인큐베이터(Shaking Incubator)의 배양온도와 배양액인 물 온도는 계절에 따라 여름에는 26℃, 겨울에는 28℃로 달리 설정한다. 겨울의 배양온도를 2℃ 높게 설정하는 이유는 식재료에 존재하는 발효 미생물의 활력이 떨어져 있기 때문이다.

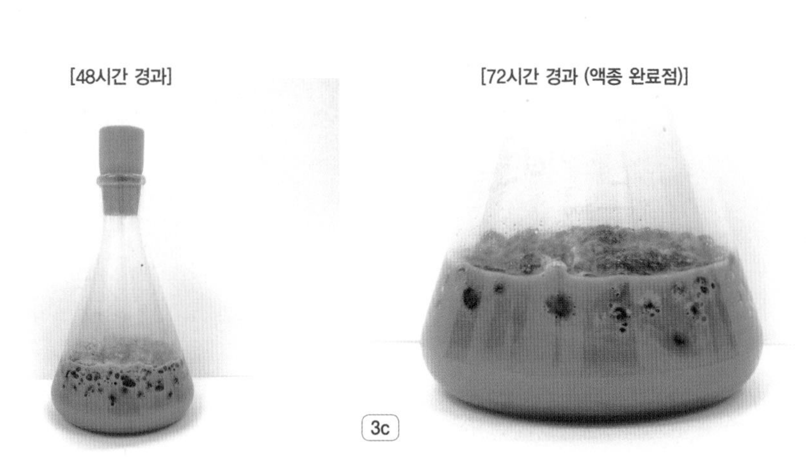

[48시간 경과]

[72시간 경과 (액종 완료점)]

3b 3c

블루베리 종
Blueberry Starter

블루베리 원종 만들기
Cooking Blueberry Flour Starter

1. 재료준비: 건블루베리 액종 100g, 유기농 강력분 900g, 물 800g, 소금 18g

2. 인큐베이터(Incubator)의 배양온도: 26℃

3. 1차 원종 만들기 :

① 강력분 100g, 건블루베리 액종 100g, 소금 2g을 준비한다.
② 강력분에 소금을 넣고 균일하게 섞는다.
③ ②에 건블루베리 액종을 넣고 고무주걱으로 균일하게 섞는다.
④ 1차 원종을 인큐베이터(Incubator)에서 12시간 배양한다.

4. 2차 원종 만들기 :

① 1차 원종 전량, 강력분 200g, 물 200g, 소금 4g을 준비한다.
② 강력분에 소금을 넣고 균일하게 섞어둔다.
③ 1차 원종에 26℃의 계량한 물을 붓는다.
④ ③에 ②를 붓고 고무주걱으로 균일하게 섞는다.
⑤ 2차 원종을 인큐베이터(Incubator)에서 6시간 배양한다.

5. 3차 원종 만들기 :

① 2차 원종 전량, 강력분 600g, 물 600g, 소금 12g을 준비한다.
② 강력분에 소금을 넣고 균일하게 섞어둔다.
③ 2차 원종에 26℃의 계량한 물을 붓는다.
④ ③에 ②를 붓고 고무주걱으로 균일하게 섞는다.
⑤ 3차 원종을 인큐베이터(Incubator)에서 3시간 배양한다.

6. 보관과 사용기간: 완성된 3차 원종에 강력분 100g, 5℃의 물 100g, 소금 2g을 넣어 섞은 후 5℃의 냉장고에서 여름에

[원종 1차]

3a

[1차 완료점]

3b

[2차 완료점]

4

는 3일 정도, 겨울에는 6일 정도의 범위 안에서는 미생물의 개체수와 가스 발생력의 큰 편차 없이 사용이 가능하다.

7. **최종적으로 완성되는 원종의 양을 조절하는 방법:** 원종의 계대배양패턴(원종 100: 강력분 100: 물 100: 소금 2)을 이해하고 필요로 하는 원종의 양에 맞추어 계대배양패턴에 대입한다.

8. **원종 제조 시 주의할 부분**
   ① 원종에 사용하는 밀가루는 반드시 유기농에 단백질 함량이 높은 강력분을 사용한다. 유기농은 농약에 의한 액종의 발효 미생물 증식을 억제하지 않으며, 단백질 함량이 높은 강력분은 원종의 Ph를 높여 발효 미생물의 증식을 돕기 때문이다.
   ② 원종 희망온도는 계절에 따라 여름에는 26℃, 겨울에는 28℃로 달리 설정한다.
   ③ 발효실의 배양온도는 계절에 따라 여름에는 26℃, 겨울에는 28℃로 달리 설정한다. 이렇듯 겨울에는 발효실의 배양온도와 원종의 희망온도를 2℃ 높게 설정하는데 이유는 기기와 도구 및 식재료의 온도가 낮아 발효 미생물의 활력이 떨어지기 때문이다.
   ④ 원종에 첨가하는 물 온도는 원종 희망온도를 조절하는 가장 효과적인 재료이므로 실습실 온도, 액종 온도, 앞선 원종의 온도 등을 고려하여 물 온도를 결정한다.
   ⑤ 많은 양의 원종을 만든 후 냉장고에 보관하여 사용하며 이럴 경우 냉장고 안에서도 원종의 발효가 진행된다는 사실을 주지해야 한다.

[3차 완료점]

5

블루베리 베이글
Blueberry Bagel

건블루베리를 액종으로 만들어 효모균류를 우점으로 만들고, 다시 원종으로 만들어 밀가루에 잘 적응하는 효모균류를 선택하여 개체수를 늘린 다음, Starter로 블루베리 베이글 반죽에 사용하였다. 블루베리의 향과 맛을 표현하며 신맛은 없애고 가볍고 부드러운 식감의 빵을 만든다.

배합표 생산수량: 150g, 18개

재료	무게(g)
강력분	1,000
블루베리 원종	1,000
소금	16
당밀	30
몰트 엑기스	10
물	400
올리브유	30
건블루베리	200

1. 반죽 : 27℃, 최종 단계

① 믹싱 볼에 제일 먼저 블루베리 원종을 넣는다.

② ①에 강력분을 붓고 소금인 가루재료를 넣는다.

③ ②에 액체재료인 당밀, 몰트 엑기스는 물에 풀어 함께 넣는다.

④ ③에 올리브유와 전처리한 건블루베리를 넣고 저속 6분, 중속 3분 믹싱한다.

⑤ 완성된 반죽을 비닐봉지에 담아 발효시킨다.

Tip **1.** 글루텐이 생성된 많은 양의 종 반죽이 본 반죽에 들어가므로 저속을 오래하여 모든 재료를 균일하게 혼합하며, 글루텐의 생성, 발전이 빠르므로 중속은 짧게 한다.

2. 반죽온도를 맞추기 위해 원종은 여름에는 수업 전 냉장고에 보관하여 품온을 낮추고 겨울에는 종의 배양온도를 유지하여 사용한다. 물은 계절에 따라 온도를 적절히 조절하여 사용한다.

3. 건블루베리는 수돗물에 가볍게 씻은 후 찜기로 30~40분 정도 쪄서 사용한다.

1a

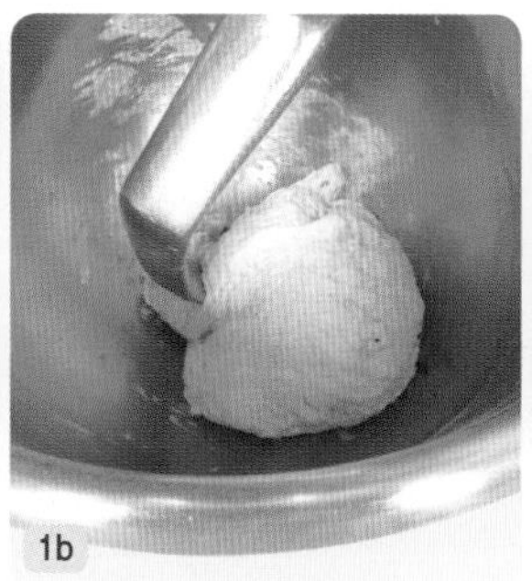
1b

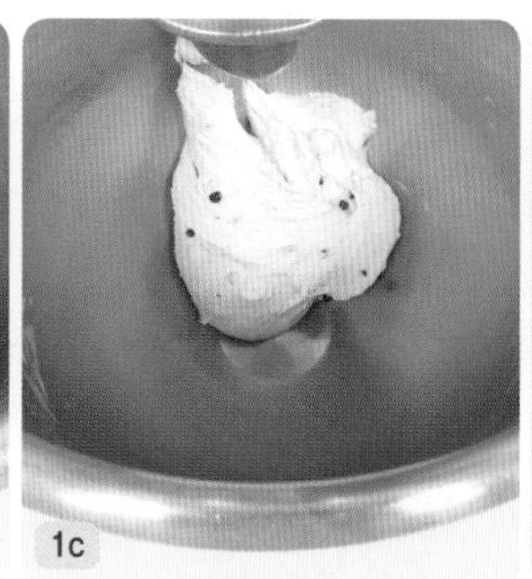
1c

1d

2. 1차 발효 : 계절, 작업장의 온도, 반죽의 양, 냉장고의 성능 등을 고려하여야 한다.

① 고온 발효 : 27℃, 0~60분

② 냉장 숙성 : 5℃, 12~72시간

③ 실온화 : 27℃, 60~120분

Tip **1.** 고온 발효에서 미생물의 개체수를 증가시키고 미생물의 발효산물을 생성시킨다.

2. 냉장 숙성에서 작업시간과 숙성의 정도를 조절할 수 있다.

3. 실온화에서 반죽의 온도를 상승시켜 2차 발효시간을 단축시킨다.

3. 분할 : 150g, 18개

Tip 반죽과 발효 과정에서 형성된 글루텐 막의 손상이 최소화 될 수 있도록 대강의 반죽 무게를 짐작하여 한두 번의 반죽 가감으로 제시된 분할중량에 맞게 나눈다.

4. 둥글리기

Tip **1.** 냉장 숙성한 반죽은 반죽에서 차가운 기운을 빼기 위하여 단단하게 둥글리기 한다.

2. 양손으로 반죽을 살짝 감싸고 양손 날은 작업대 위에 붙여 한 방향 원형으로 굴린다. 반죽을 한 방향 원형으로 굴리면서 표피가 찢어지지 않도록 주의하면서 표면이 매끄럽고 모양과 크기가 일정하도록 둥글린다.

5. 중간 발효 : 20분

Tip 중간 발효시간과 발효장소는 성형 시 필요한 반죽의 신장성과 가소성, 계절과 작업장의 온도를 감안하여 결정한다. 발효장소(작업대 혹은 발효실)

2a 2b 2c 2d 3~5

6. 정형 : 링 모양으로 만든다.

Tip **1.** 반죽을 손으로 눌러 바닥면이 안으로 들어가게 말기를 한다.

2. 양손으로 반죽을 30cm 정도 늘린다.

3. 링 형태로 만들고 이음매는 반죽과 반죽을 겹쳐 확실하게 눌러 붙인다.

7. 팬닝 : 1개의 평철판에 8개씩 놓는다.

Tip 종이를 깔고 팬닝을 하는 이유는 정형한 베이글 반죽을 끓는 물에 넣을 때 모양이 흐트러지는 것을 방지하기 위함이다.

8. 2차 발효 : 35℃, 85%, 60분

Tip 2차 발효는 가장 짧은 시간 안에 제빵사가 원하는 크기로 반죽을 부풀리고 완제품의 특징에 맞는 질감과 식감을 부여하는 공정이다.

9. 끓는 물에 데치기 : 물 1,000g에 베이킹 소다 1g의 비율로 넣어준 후 물을 팔팔 끓인 다음 반죽을 데친다.

Tip **1.** 반죽의 산이 강해 색이 잘 나지 않으므로 소다를 투입해 알칼리성으로 만들어 베이글이 구워질 때 색이 잘 나게 해준다.

2. 팔팔 끓는 물에 한 판에 있는 베이글을 데친 후 잠시 기다려 물이 다시 팔팔 끓으면 다음 판을 데친다. 높은 온도의 물에서 베이글을 데칠 경우 표면이 잘 호화되어 광택이 좋은 껍질표면의 상태를 얻을 수 있다.

10. 굽기 : 160℃/230℃ 분무 후 반죽을 넣고 240℃/180℃ 20분

Tip **1.** 천연발효 반죽의 굽기 시 팽창은 1차 발효 시 생성된 발효산물의 휘발에 의해 팽창되는 오븐 스프링이다. 따라서 일반적으로 실리콘페이퍼 위에 반죽을 놓고 아랫불을 높게 설정하여 굽기를 한다.

2. 제시된 굽기 온도는 기본 온도이므로 반죽의 2차 발효상태와 실습장의 오븐환경에 따라 온도를 조절한다.

6~8

9

10

건살구·호박씨 브레드
Dried Apricots Bread

건블루베리를 액종으로 만들어 효모균류를 우점으로 만들고, 다시 원종으로 만들어 밀가루에 잘 적응하는 효모균류를 선택하여 개체수를 늘린 다음, Starter로 건살구·호박씨 브레드 반죽에 사용하였다. 블루베리의 향과 맛을 표현하며 신맛은 없애고 가볍고 부드러운 식감의 빵을 만든다.

배합표 생산수량: 260g, 12개

재료	무게(g)
블루베리 원종	1,300
강력분	750
통밀가루	300
소금	13
설탕	30
몰트	6
물	450
올리브유	45
건살구	250
호박씨	100

1. 반죽 : 27℃, 최종 단계

① 믹싱 볼에 제일 먼저 종 반죽을 넣는다.

② ①에 통밀가루, 강력분을 붓고 가루재료인 소금, 설탕을 넣는다.

③ ②에 액체재료인 몰트와 물을 함께 풀어 넣는다.

④ ③에 올리브유를 넣고 저속 6분, 중속 4분 믹싱한다.

⑤ ④에 건살구, 호박씨를 넣고 저속으로 균일하게 섞는다.

⑥ 완성된 반죽을 비닐봉지에 담아 발효시킨다.

Tip **1.** 글루텐이 생성된 많은 양의 종 반죽이 본 반죽에 들어가므로 저속을 오래하여 모든 재료를 균일하게 혼합하며, 글루텐의 생성, 발전이 빠르므로 중속은 짧게 한다.

2. 반죽온도를 맞추기 위해 원종은 여름에는 수업 전 냉장고에 보관하여 품온을 낮추고 겨울에는 종의 배양온도를 유지하여 사용한다. 물은 계절에 따라 온도를 적절히 조절하여 사용한다.

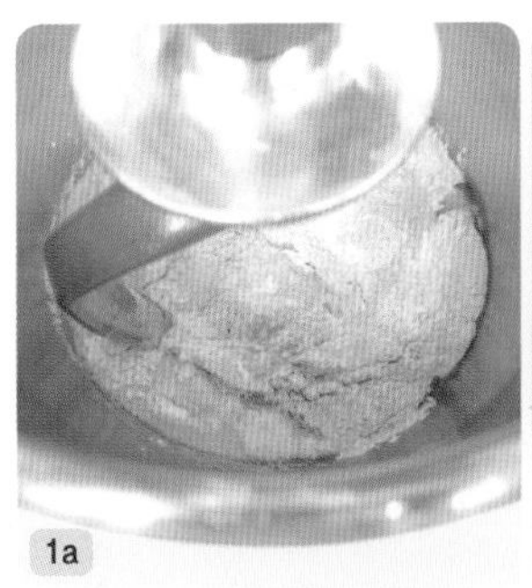

1a

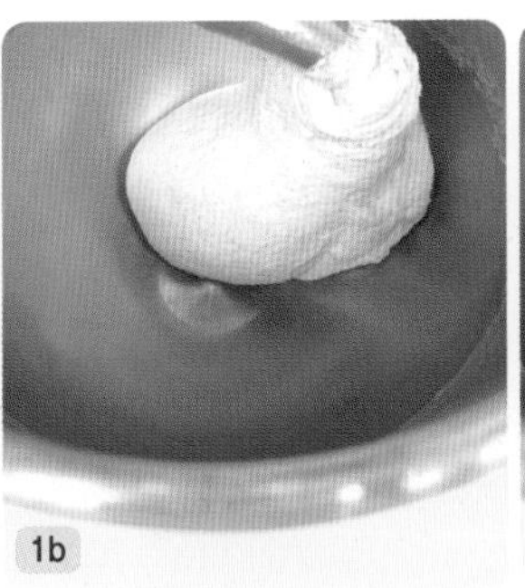

1b

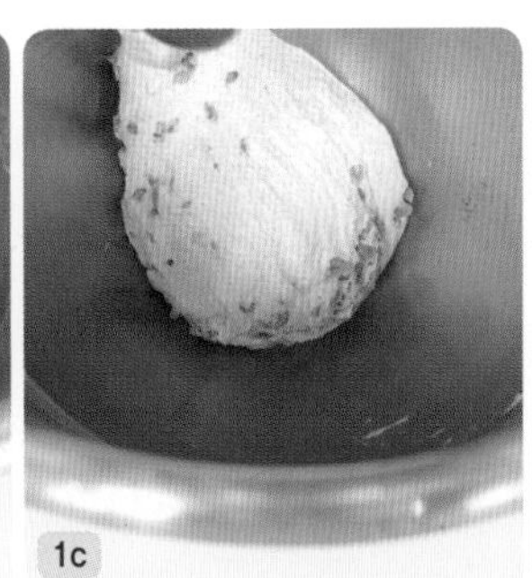

1c

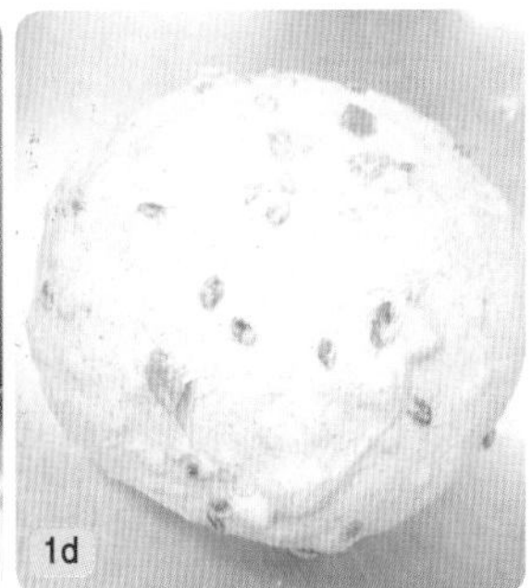

1d

2. 1차 발효 : 계절, 작업장의 온도, 반죽의 양, 냉장고의 성능 등을 고려하여야 한다.

① 고온 발효 : 27℃, 0~60분

② 냉장 숙성 : 5℃, 12~72시간

③ 실온화 : 27℃, 60~120분

Tip 1. 고온 발효에서 미생물의 개체수를 증가시키고 미생물의 발효산물을 생성시킨다.

2. 냉장 숙성에서 작업시간과 숙성의 정도를 조절할 수 있다.

3. 실온화에서 반죽의 온도를 상승시켜 2차 발효시간을 단축시킨다.

3. 분할 : 260g, 12개 → 4. 둥글리기 → 5. 중간 발효 : 20분

Tip 냉장 숙성한 반죽은 반죽에서 차가운 기운을 빼기 위하여 단단하게 둥글리기 한다.

6. 정형 : 타원형으로 만든다.

7. 팬닝 : 면포 위에 정형한 반죽을 놓는다.

Tip 천연발효 반죽은 발효 미생물이 생성시킨 발효산물인 유기산에 의해 단백질과 탄수화물이 용해되어 끈적임이 많다. 그러므로 정형한 반죽의 표면에 덧가루를 충분히 묻혀야 면포에서 잘 떨어진다.

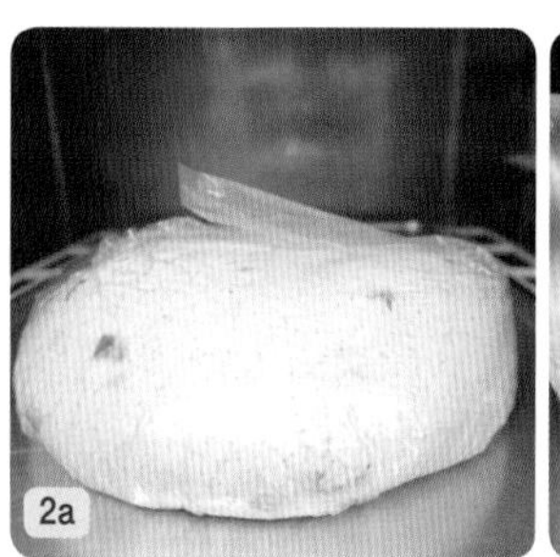
2a

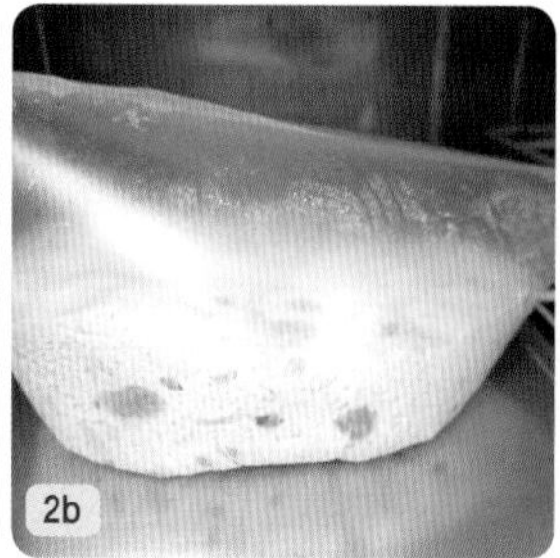
2b

2c

3~5

8. 2차 발효 : 30~32℃, 75%, 70~90분

Tip 2차 발효는 가장 짧은 시간 안에 제빵사가 원하는 크기로 반죽을 부풀리고 완제품의 특징에 맞는 질감과 식감을 부여하는 공정이다.

9. 굽기 전 : 실리콘 페이퍼 위에 반죽을 놓고 반죽의 윗면에 칼집을 낸다.

Tip **1.** 균일한 간격을 유지할 수 있도록 2차 발효한 반죽을 실리콘 페이퍼 위에 배열한다. 굽기 시 빵의 옆면은 대류에 의해 균일한 착색이 유도되기 때문이다.

2. 반죽의 윗면에 칼집을 내면 굽기 시 생성되는 가스가 그곳을 통해 배출되어 기형적 터짐을 방지할 수 있다.

10. 굽기 : 160℃/230℃ 분무 후 반죽을 넣고 240℃/180℃ 23분

Tip **1.** 천연발효 반죽의 굽기 시 팽창은 1차 발효 시 생성된 발효산물의 휘발에 의해 팽창되는 오븐 스프링이다. 따라서 일반적으로 실리콘페이퍼 위에 반죽을 놓고 아랫불을 높게 설정하여 굽기를 한다.

2. 굽기 시 스팀을 분사하면 반죽의 외피에 수막을 형성하여 껍질의 형성을 늦춘다. 그러면 반죽의 오븐 스프링이 커져 완제품의 부피가 크다. 부수적으로 반죽의 외피가 기형적으로 터지는 것을 방지하고 빵의 껍질을 얇게 하고 윤기나게 한다.

6~8

9

10

1. 재료준비: 건바질 10g, 물 200g, 포도당 64g, 레몬주스 6g

2. 액종 제조

① 건바질을 소독한 삼각플라스크에 먼저 넣는다.
② 26℃의 물에 포도당, 레몬주스를 넣고 용해시킨 후 삼각플라스크에 붓는다.
③ 소독한 실리스토퍼(Sili Stopper)를 삼각플라스크에 끼운다.
④ 쉐이킹 인큐베이터(Shaking Incubator)의 배양온도: 26℃, 배양시간: 72시간, 쉐이킹 속도: 80rpm 등의 배양조건을 설정한 후 넣고 배양한다.

3. 액종 배양 시 상태의 변화를 확인한다.

① 24시간 경과: Ph4.5에서 시작하여 Ph4.3이 되고 물은 연한 갈색으로 변한다.
② 48시간 경과: Ph4.1에 물은 좀 더 진한 갈색으로 변한다.
③ 72시간 경과: Ph4.0에 기포가 약간 발생하며 침전물이 조금 생긴다.
④ 72시간 경과 후 바로 사용하거나 혹은 5℃의 냉장고에서 24시간 정도 보관하여 허약한 발효미생물을 제거한 후 사용한다.

[재료 준비] 1
[액종 제조] 2
[24시간 경과] 3a

4. **보관과 사용기간:** 5℃의 냉장고에서 여름에는 7일 정도, 겨울에는 14일 정도의 범위 안에서는 미생물의 개체수와 가스 발생력의 큰 편차 없이 사용이 가능하다.

5. 액종 제조 시 주의할 부분

① 건바질은 오일 코팅되어 있지 않으므로 물에 씻지 않고 바로 사용한다.

② 바질은 제철 생바질과 건바질 등이 있다. 이 책에서는 사시사철 일정한 발효력을 갖고 있는 건바질을 이용하여 실습을 했다. 건바질이 사시사철 일정한 발효력을 갖는 이유는 과학적이고 체계적인 건조공정에서 건조되었기 때문이다.

③ 생바질을 건조하는 과정에서 유산균류의 개체수는 감소하고 효모균류의 개체수는 증가하므로 가스 발생력이 좋은 액종을 만들 수 있다.

④ 액종 제조 시 사용되는 삼각플라스크와 실리스토퍼는 외부환경으로부터 유래하는 병원성 미생물의 오염을 방지하기 위해 수업시간에 소독하여 사용하는 것이 좋다.

⑤ 쉐이킹 인큐베이터(Shaking Incubator)의 배양온도와 배양액인 물 온도는 계절에 따라 여름에는 26℃, 겨울에는 28℃로 달리 설정한다. 이렇게 겨울의 배양온도를 2℃ 높게 설정하는 이유는 식재료에 존재하는 발효 미생물의 활력이 떨어져 있기 때문이다.

[48시간 경과] 3b

[72시간 경과 (액종 완료점)] 3c

바질 종
Basil Starter

바질 원종 만들기
Cooking Basil Flour Starter

1. **재료준비:** 건바질 액종 100g, 유기농 강력분 900g, 물 800g, 소금 18g

2. **인큐베이터(Incubator)의 배양온도:** 26℃

3. **1차 원종 만들기 :**
   ① 강력분 100g, 건바질 액종 100g, 소금 2g을 준비한다.
   ② 강력분에 소금을 넣고 균일하게 섞는다.
   ③ ②에 건바질 액종을 넣고 고무주걱으로 균일하게 섞는다.
   ④ 1차 원종을 인큐베이터(Incubator)에서 12시간 배양한다.

4. **2차 원종 만들기 :**
   ① 1차 원종 전량, 강력분 200g, 물 200g, 소금 4g을 준비한다.
   ② 강력분에 소금을 넣고 균일하게 섞어둔다.
   ③ 1차 원종에 26℃의 계량한 물을 붓는다.
   ④ ③에 ②를 붓고 고무주걱으로 균일하게 섞는다.
   ⑤ 2차 원종을 인큐베이터(Incubator)에서 6시간 배양한다.

5. **3차 원종 만들기 :**
   ① 2차 원종 전량, 강력분 600g, 물 600g, 소금 12g을 준비한다.
   ② 강력분에 소금을 넣고 균일하게 섞어둔다.
   ③ 2차 원종에 26℃의 계량한 물을 붓는다.
   ④ ③에 ②를 붓고 고무주걱으로 균일하게 섞는다.
   ⑤ 3차 원종을 인큐베이터(Incubator)에서 3시간 배양한다.

6. **보관과 사용기간:** 완성된 3차 원종에 강력분 100g, 5℃의 물 100g, 소금 2g을 넣어 섞은 후 5℃의 냉장고에서 여름에는 3일 정도, 겨울에는 6일 정도의 범위 안에서는 미생물의

[원종 1차]

3a

[1차 완료점]

3b

[2차 완료점]

4

개체수와 가스 발생력의 큰 편차 없이 사용이 가능하다.

7. 최종적으로 완성되는 원종의 양을 조절하는 방법: 원종의 계대배양패턴(원종 100: 강력분 100: 물 100: 소금 2)을 이해하고 필요로 하는 원종의 양에 맞추어 계대배양패턴에 대입한다.

8. 원종 제조 시 주의할 부분

① 원종에 사용하는 밀가루는 반드시 유기농에 단백질 함량이 높은 강력분을 사용한다. 유기농은 농약에 의한 액종의 발효 미생물 증식을 억제하지 않으며, 단백질 함량이 높은 강력분은 원종의 Ph를 높여 발효 미생물의 증식을 돕기 때문이다.

② 원종 희망온도는 계절에 따라 여름에는 26℃, 겨울에는 28℃로 달리 설정한다.

③ 발효실의 배양온도는 계절에 따라 여름에는 26℃, 겨울에는 28℃로 달리 설정한다. 이렇듯 겨울에는 발효실의 배양온도와 원종의 희망온도를 2℃ 높게 설정하는데 이유는 기기와 도구 및 식재료의 온도가 낮아 발효 미생물의 활력이 떨어지기 때문이다.

④ 원종에 첨가하는 물 온도는 원종 희망온도를 조절하는 가장 효과적인 재료이므로 실습실 온도, 액종 온도, 앞선 원종의 온도 등을 고려하여 물 온도를 결정한다.

⑤ 많은 양의 원종을 만든 후 냉장고에 보관하여 사용하며 이럴 경우 냉장고 안에서도 원종의 발효가 진행된다는 사실을 주지해야 한다.

⑥ 바질 원종은 건포도 원종에 비해 발효력이 떨어지므로 계대배양패턴에 대입시켜 4차 계대배양까지 진행시키면 발효력(가스 발생력)이 현저히 나아진다.

[3차 완료점]

5

바질 치아바타

Basil Ciabatta

건바질을 액종으로 만들어 효모균류를 우점으로 만들고, 다시 원종으로 만들어 밀가루에 잘 적응하는 효모균류를 선택하여 개체수를 늘린 다음, Starter로 바질 치아바타 반죽에 사용하였다. 바질의 향과 맛을 표현하며 신맛은 없애고 가볍고 부드러운 식감의 빵을 만든다.

배합표 생산수량: 170g, 16개

재료	무게(g)
바질 원종	1,070
강력분	1,170
소금	6
물	500
올리브유	76
건바질	8

1. 반죽 : 27℃, 최종 단계

① 믹싱 볼에 제일 먼저 종 반죽을 넣는다.

② ①에 강력분을 붓고 소금을 넣는다.

③ ②에 액체재료인 물을 넣는다.

④ ③에 올리브유와 건바질을 넣고 저속 6분, 중속 4분 믹싱 한다.

⑤ 완성된 반죽을 비닐봉지에 담아 발효시킨다.

Tip **1.** 글루텐이 생성된 많은 양의 종 반죽이 본 반죽에 들어가므로 저속을 오래하여 모든 재료를 균일하게 혼합하며, 글루텐의 생성, 발전이 빠르므로 중속은 짧게 한다.

2. 반죽온도를 맞추기 위해 원종은 여름에는 수업 전 냉장고에 보관하여 품온을 낮추고 겨울에는 종의 배양온도를 유지하여 사용한다. 물은 계절에 따라 온도를 적절히 조절하여 사용한다.

1a

1b

1c

1d

2. 1차 발효 : 계절, 작업장의 온도, 반죽의 양, 냉장고의 성능 등을 고려하여야 한다.

① 고온 발효 : 27℃, 0~60분

② 냉장 숙성 : 5℃, 12~72시간

③ 실온화 : 27℃, 60~120분

Tip **1.** 고온 발효에서 미생물의 개체수를 증가시키고 미생물의 발효산물을 생성시킨다.

2. 냉장 숙성에서 작업시간과 숙성의 정도를 조절할 수 있다.

3. 실온화에서 반죽의 온도를 상승시켜 2차 발효시간을 단축시킨다.

3. 정형 : 밀대를 이용해 평철판 크기로 밀어 핀 후 수축을 방지하기 위해 10분 정도 휴지시킨다.

4. 분할 : 170g, 16개

Tip 스크레이퍼로 16등분 한다.

5. 팬닝 : 면포 위에 정형한 반죽을 놓는다.

Tip 천연발효 반죽은 발효 미생물이 생성시킨 발효산물인 유기산에 의해 단백질과 탄수화물이 용해되어 끈적임이 많다. 그러므로 정형한 반죽의 표면에 덧가루를 충분히 묻혀야 면포에서 잘 떨어진다.

6. 2차 발효 : 30~32℃, 75%, 60~80분

Tip 2차 발효는 가장 짧은 시간 안에 제빵사가 원하는 크기로 반죽을 부풀리고 완제품의 특징에 맞는 질감과 식감을 부여하는 공정이다.

7. 굽기 전 : 실리콘 페이퍼 위에 반죽을 놓는다.

Tip 균일한 간격을 유지할 수 있도록 2차 발효한 반죽을 실리콘 페이퍼 위에 배열한다. 굽기 시 빵의 옆면은 대류에 의해 균일한 착색이 유도되기 때문이다.

8. 굽기 : 160℃/230℃ 분무 후 반죽을 넣고 240℃/180℃ 13분

Tip 1. 천연발효 반죽의 굽기 시 팽창은 1차 발효 시 생성된 발효 산물의 휘발에 의해 팽창되는 오븐 스프링이다. 따라서 일반적으로 실리콘페이퍼 위에 반죽을 놓고 아랫불을 높게 설정하여 굽기를 한다.

2. 굽기 시 스팀을 분사하면 반죽의 외피에 수막을 형성하여 껍질의 형성을 늦춘다. 그러면 반죽의 오븐 스프링이 커져 완제품의 부피가 크다. 부수적으로 반죽의 외피가 기형적으로 터지는 것을 방지하고 빵의 껍질을 얇게 하고 윤기나게 한다.

6

7

7

베이컨·토마토 포카치아

Bacon·Tomato Focaccia

건바질을 액종으로 만들어 효모균류를 우점으로 만들고, 다시 원종으로 만들어 밀가루에 잘 적응하는 효모 균류를 선택하여 개체수를 늘린 다음, Starter로 베이컨·토마토 포카치아 반죽에 사용하였다. 바질의 향과 맛을 표현하며 신맛은 없애고 가볍고 부드러운 식감의 빵을 만든다.

배합표 생산수량: 190g, 14개

재료	무게(g)
바질 원종	1,000
강력분	1,000
소금	10
설탕	39
물	400
건바질	6
올리브유	200
베이컨	10매
토핑용 방울토마토	150

1. 반죽 : 27℃, 최종 단계

① 믹싱 볼에 제일 먼저 종 반죽을 넣는다.

② ①에 강력분을 붓고 가루재료인 소금, 설탕을 넣는다.

③ ②에 액체재료인 물을 넣는다.

④ ③에 올리브유와 건바질을 넣고 저속 6분, 중속 4분 믹싱 한다.

⑤ 베이컨은 으깨지지 않도록 믹싱 완료 후 손 반죽으로 섞어 준다.

⑥ 완성된 반죽을 비닐봉지에 담아 발효시킨다.

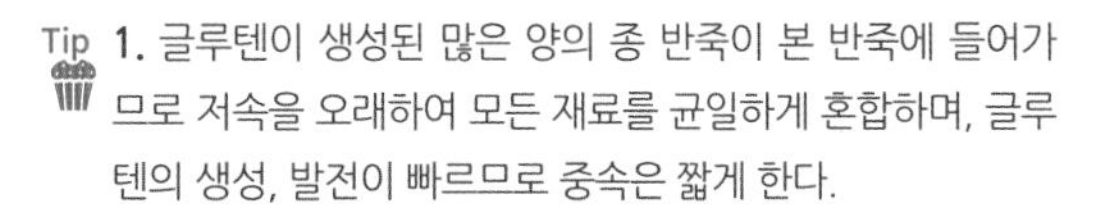

Tip **1.** 글루텐이 생성된 많은 양의 종 반죽이 본 반죽에 들어가므로 저속을 오래하여 모든 재료를 균일하게 혼합하며, 글루텐의 생성, 발전이 빠르므로 중속은 짧게 한다.

2. 반죽온도를 맞추기 위해 원종은 여름에는 수업 전 냉장고에 보관하여 품온을 낮추고 겨울에는 종의 배양온도를 유지하여 사용한다. 물은 계절에 따라 온도를 적절히 조절하여 사용한다.

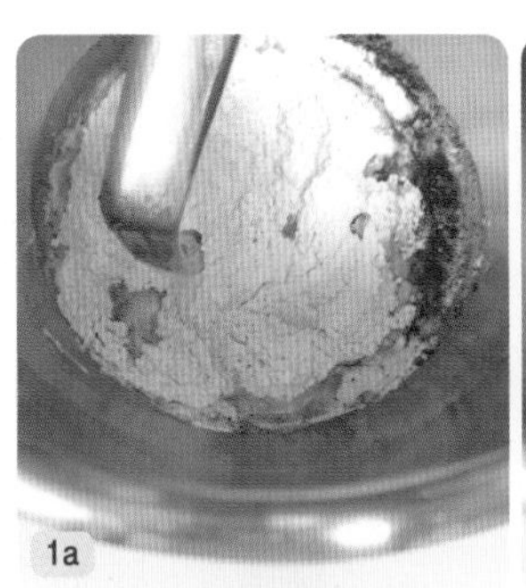
1a

1b

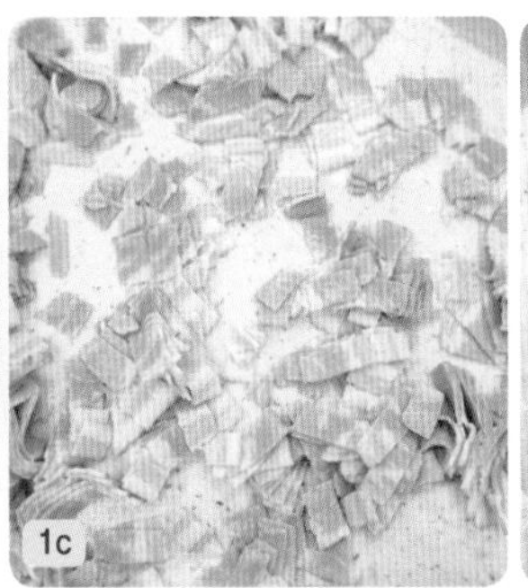
1c

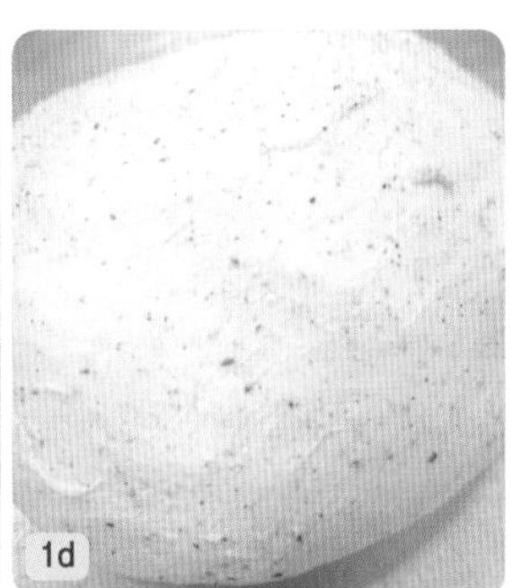
1d

2. 1차 발효 : 계절, 작업장의 온도, 반죽의 양, 냉장고의 성능 등을 고려하여야 한다.

① 고온 발효 : 27℃, 0~60분

② 냉장 숙성 : 5℃, 12~72시간

③ 실온화 : 27℃, 60~120분

Tip **1.** 고온 발효에서 미생물의 개체수를 증가시키고 미생물의 발효산물을 생성시킨다.

2. 냉장 숙성에서 작업시간과 숙성의 정도를 조절할 수 있다.

3. 실온화에서 반죽의 온도를 상승시켜 2차 발효시간을 단축시킨다.

3. 분할 : 190g, 14개 → **4. 둥글리기** → **5. 중간 발효 :** 20분

Tip 냉장 숙성한 반죽은 반죽에서 차가운 기운을 빼기 위하여 단단하게 둥글리기 한다.

6. 정형 : 밀대로 밀어 직경 15㎝ 정도의 원형으로 만든다.

7. 팬닝 : 실리콘페이퍼 위에 모양을 만든 반죽을 6개씩 놓는다.

8. 2차 발효 : 30~32℃, 75%, 70~90분

Tip 2차 발효는 가장 짧은 시간 안에 제빵사가 원하는 크기로 반죽을 부풀리고 완제품의 특징에 맞는 질감과 식감을 부여하는 공정이다.

2a

2b

3~5

6~8

9. 굽기 전 : 소금물(소금 5g + 물 30g)을 붓으로 칠하고 찬 물에 손가락을 담가가며 반죽에 구멍을 낸 후 방울토마토를 반으로 잘라 얹는다.

Tip **1.** 균일한 간격을 유지할 수 있도록 2차 발효한 반죽을 실리콘 페이퍼 위에 배열한다. 굽기 시 빵의 옆면은 대류에 의해 균일한 착색이 유도되기 때문이다.

2. 반죽의 윗면에 칼집을 내면 굽기 시 생성되는 가스가 그 곳을 통해 배출되어 기형적 터짐을 방지할 수 있다.

10. 굽기 : 180℃/230℃ 분무 후 반죽을 넣고 240℃/180℃ 14분

Tip **1.** 천연발효 반죽의 굽기 시 팽창은 1차 발효 시 생성된 발효 산물의 휘발에 의해 팽창되는 오븐 스프링이다. 따라서 일반적으로 실리콘페이퍼 위에 반죽을 놓고 아랫불을 높게 설정하여 굽기를 한다.

2. 굽기 시 스팀을 분사하면 반죽의 외피에 수막을 형성하여 껍질의 형성을 늦춘다. 그러면 반죽의 오븐 스프링이 커져 완제품의 부피가 크다. 부수적으로 반죽의 외피가 기형적으로 터지는 것을 방지하고 빵의 껍질을 얇게 하고 윤기나게 한다.

9

10

푸가스

Fougasse

건바질을 액종으로 만들어 효모균류를 우점으로 만들고, 다시 원종으로 만들어 밀가루에 잘 적응하는 효모 균류를 선택하여 개체수를 늘린 다음, Starter로 푸가스 반죽에 사용하였다. 바질의 향과 맛을 표현하며 신맛은 없애고 가볍고 부드러운 식감의 빵을 만든다.

배합표 생산수량: 300g, 9개

재료	무게(g)
바질 원종	1,000
강력분	1,000
소금	5
건바질	10
물	400
올리브유	200
블랙 올리브	150

1. 반죽 : 27℃, 최종 단계

① 믹싱 볼에 제일 먼저 종 반죽을 넣는다.

② ①에 강력분을 붓고 소금을 넣는다.

③ ②에 액체재료인 물을 넣는다.

④ ③에 올리브유와 건바질을 넣고 저속 6분, 중속 4분 믹싱 한다.

⑤ 완성된 반죽을 비닐봉지에 담아 발효시킨다.

Tip **1.** 글루텐이 생성된 많은 양의 종 반죽이 본 반죽에 들어가므로 저속을 오래하여 모든 재료를 균일하게 혼합하며, 글루텐의 생성, 발전이 빠르므로 중속은 짧게 한다.

2. 반죽온도를 맞추기 위해 원종은 여름에는 수업 전 냉장고에 보관하여 품온을 낮추고 겨울에는 종의 배양온도를 유지하여 사용한다. 물은 계절에 따라 온도를 적절히 조절하여 사용한다.

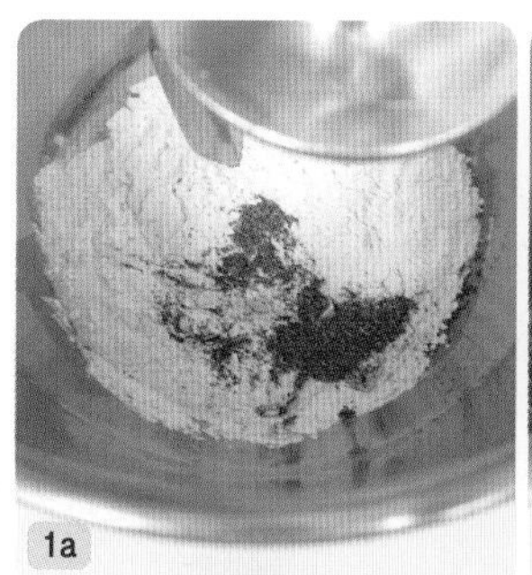
1a

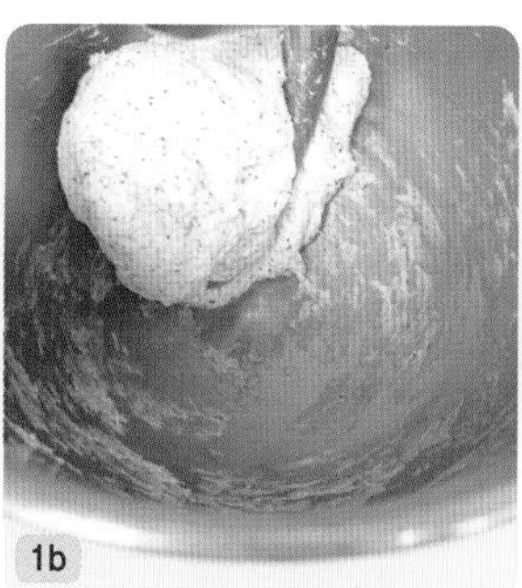
1b

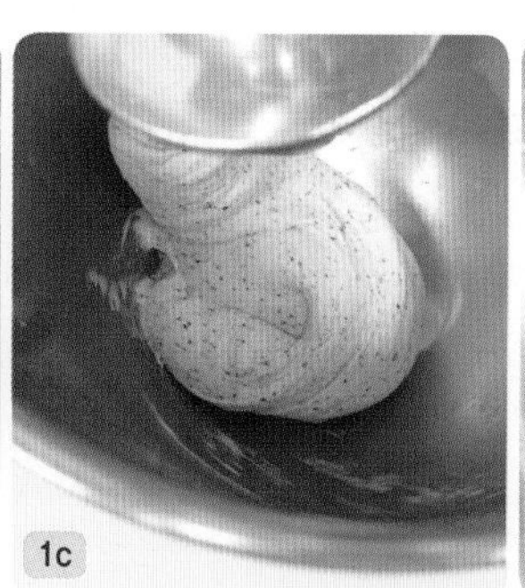
1c

1d

2. 1차 발효 : 계절, 작업장의 온도, 반죽의 양, 냉장고의 성능 등을 고려하여야 한다.

① 고온 발효 : 27℃, 0~60분

② 냉장 숙성 : 5℃, 12~72시간

③ 실온화 : 27℃, 60~120분

Tip 1. 고온 발효에서 미생물의 개체수를 증가시키고 미생물의 발효산물을 생성시킨다.

2. 냉장 숙성에서 작업시간과 숙성의 정도를 조절할 수 있다.

3. 실온화에서 반죽의 온도를 상승시켜 2차 발효시간을 단축시킨다.

3. 분할 : 300g, 9개 → 4. 둥글리기 → 5. 중간 발효 : 20분

Tip 냉장 숙성한 반죽은 반죽에서 차가운 기운을 빼기 위하여 단단하게 둥글리기 한다.

6. 정형 : 밀대를 이용해 밀어 편 후, 손으로 모서리가 둥근 삼각형 형태로 만들어 준 다음 나뭇잎 모양으로 쿠프를 내 준다.

7. 팬닝 : 실리콘페이퍼 위에 모양을 만든 반죽을 2개씩 놓는다.

8. 2차 발효 : 35℃, 85%, 60분

Tip 2차 발효는 가장 짧은 시간 안에 제빵사가 원하는 크기로 반죽을 부풀리고 완제품의 특징에 맞는 질감과 식감을 부여하는 공정이다.

9. 굽기 전 : 소금물(소금 5g + 물 30g)을 붓으로 칠하고 찬 물에 손가락을 담가가며 반죽에 구멍을 낸 후 블랙 올리브를 얹는다.

Tip 균일한 간격을 유지할 수 있도록 2차 발효한 반죽을 실리콘페이퍼 위에 배열한다. 굽기 시 빵의 옆면은 대류에 의해 균일한 착색이 유도되기 때문이다.

10. 굽기 : 200℃/230℃ 분무 후 반죽을 넣고 240℃/180℃ 15분

Tip **1.** 천연발효 반죽의 굽기 시 팽창은 1차 발효 시 생성된 발효 산물의 휘발에 의해 팽창되는 오븐 스프링이다. 따라서 일반적으로 실리콘페이퍼 위에 반죽을 놓고 아랫불을 높게 설정하여 굽기를 한다.

2. 굽기 시 스팀을 분사하면 반죽의 외피에 수막을 형성하여 껍질의 형성을 늦춘다. 그러면 반죽의 오븐 스프링이 커져 완제품의 부피가 크다. 부수적으로 반죽의 외피가 기형적으로 터지는 것을 방지하고 빵의 껍질을 얇게 하고 윤기나게 한다.

7~9

10a

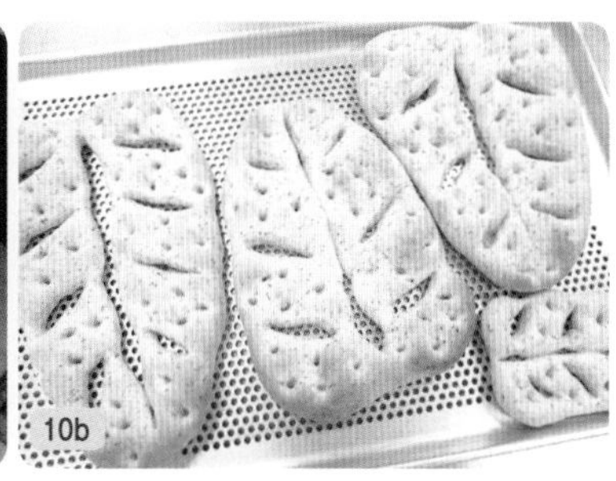
10b

1. 재료준비: 건로즈마리 10g, 물 200g, 포도당 64g, 레몬주스 6g

2. 액종 제조

① 건로즈마리을 소독한 삼각플라스크에 먼저 넣는다.

② 26℃의 물에 포도당, 레몬주스를 넣고 용해시킨 후 삼각플라스크에 붓는다.

③ 소독한 실리스토퍼(Sili Stopper)를 삼각플라스크에 끼운다.

④ 쉐이킹 인큐베이터(Shaking Incubator)의 배양온도: 26℃, 배양시간: 72시간, 쉐이킹 속도: 80rpm 등의 배양조건을 설정한 후 넣고 배양한다.

3. 액종 배양 시 상태의 변화를 확인한다.

① 24시간 경과: Ph4.3에서 시작하여 Ph4.2가 되고 물은 연한 갈색으로 변한다.

② 48시간 경과: Ph4.1에 물은 좀 더 진한 갈색으로 변한다.

③ 72시간 경과: Ph4.0에 기포가 약간 발생하며 침전물이 조금 생긴다.

④ 72시간 경과 후 바로 사용하거나 혹은 5℃의 냉장고에서 24시간 정도 보관하여 허약한 발효미생물을 제거한 후 사용한다.

4. 보관과 사용기간: 5℃의 냉장고에서 여름에는 7일 정도, 겨울에는 14일 정도의 범위 안에서는 미생물의 개체수와 가스 발생력의 큰 편차 없이 사용이 가능하다.

5. 액종 제조 시 주의할 부분

① 건로즈마리는 오일 코팅되어 있지 않으므로 물에 씻지 않고 바로 사용한다.

② 로즈마리는 제철 생로즈마리와 건로즈마리 등이 있다. 이 책에서는 사시사철 일정한 발효력을 갖고 있는 건로즈마리를 이용하여 실습을 했다. 건로즈마리가 사시사철 일정한 발효력을 갖는 이유는 과학적이고 체계적인 건조공정에서 건조되었기 때문이다.

③ 생로즈마리는 건조하는 과정에서 유산균류의 개체수는 감소하고 효모균류의 개체수는 증가하므로 가스 발생력이 좋은 액종을 만들 수 있다.

④ 액종 제조 시 사용되는 삼각플라스크와 실리스토퍼는 외부환경으로부터 유래하는 병원성 미생물의 오염을 방지하기 위해 수업시간에 소독하여 사용하는 것이 좋다.

⑤ 쉐이킹 인큐베이터(Shaking Incubator)의 배양온도와 배양액인 물 온도는 계절에 따라 여름에는 26℃, 겨울에는 28℃로 달리 설정한다. 겨울의 배양온도를 2℃ 높게 설정하는 이유는 식재료에 존재하는 발효 미생물의 활력이 떨어져 있기 때문이다.

[48시간 경과] 3b

[72시간 경과 (액종 완료점)] 3c

1. **재료준비:** 건로즈마리 액종 100g, 유기농 강력분 900g, 물 800g, 소금 18g

2. **인큐베이터(Incubator)의 배양온도:** 26℃

3. **1차 원종 만들기 :**
   ① 강력분 100g, 건로즈마리 액종 100g, 소금 2g을 준비한다.
   ② 강력분에 소금을 넣고 균일하게 섞는다.
   ③ ②에 건로즈마리 액종을 넣고 고무주걱으로 균일하게 섞는다.
   ④ 1차 원종을 인큐베이터(Incubator)에서 12시간 배양한다.

4. **2차 원종 만들기 :**
   ① 1차 원종 전량, 강력분 200g, 물 200g, 소금 4g을 준비한다.
   ② 강력분에 소금을 넣고 균일하게 섞어둔다.
   ③ 1차 원종에 26℃의 계량한 물을 붓는다.
   ④ ③에 ②를 붓고 고무주걱으로 균일하게 섞는다.
   ⑤ 2차 원종을 인큐베이터(Incubator)에서 6시간 배양한다.

5. **3차 원종 만들기 :**
   ① 2차 원종 전량, 강력분 600g, 물 600g, 소금 12g을 준비한다.
   ② 강력분에 소금을 넣고 균일하게 섞어둔다.
   ③ 2차 원종에 26℃의 계량한 물을 붓는다.
   ④ ③에 ②를 붓고 고무주걱으로 균일하게 섞는다.
   ⑤ 3차 원종을 인큐베이터(Incubator)에서 3시간 배양한다.

6. **보관과 사용기간:** 완성된 3차 원종에 강력분 100g, 5℃의 물 100g, 소금 2g을 넣어 섞은 후 5℃의 냉장고에서 여름에

[원종 1차]

3a

[1차 완료점]

3b

[2차 완료점]

4

는 3일 정도, 겨울에는 6일 정도의 범위 안에서는 미생물의 개체수와 가스 발생력의 큰 편차 없이 사용이 가능하다.

7. **최종적으로 완성되는 원종의 양을 조절하는 방법:** 원종의 계대배양패턴(원종 100: 강력분 100: 물 100: 소금 2)을 이해하고 필요로 하는 원종의 양에 맞추어 계대배양패턴에 대입한다.

8. **원종 제조 시 주의할 부분**
   ① 원종에 사용하는 밀가루는 반드시 유기농에 단백질 함량이 높은 강력분을 사용한다. 유기농은 농약에 의한 액종의 발효 미생물 증식을 억제하지 않으며, 단백질 함량이 높은 강력분은 원종의 Ph를 높여 발효 미생물의 증식을 돕기 때문이다.
   ② 원종 희망온도는 계절에 따라 여름에는 26℃, 겨울에는 28℃로 달리 설정한다.

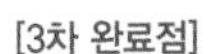
[3차 완료점]

5

③ 발효실의 배양온도는 계절에 따라 여름에는 26℃, 겨울에는 28℃로 달리 설정한다. 이렇듯 겨울에는 발효실의 배양온도와 원종의 희망온도를 2℃ 높게 설정하는데 이유는 기기와 도구 및 식재료의 온도가 낮아 발효 미생물의 활력이 떨어지기 때문이다.
④ 원종에 첨가하는 물 온도는 원종 희망온도를 조절하는 가장 효과적인 재료이므로 실습실 온도, 액종 온도, 앞선 원종의 온도 등을 고려하여 물 온도를 결정한다.
⑤ 많은 양의 원종을 만든 후 냉장고에 보관하여 사용하며 이럴 경우 냉장고 안에서도 원종의 발효가 진행된다는 사실을 주지해야 한다.
⑥ 로즈마리 원종은 건포도 원종에 비해 발효력이 떨어지므로 계대배양패턴에 대입시켜 4차 계대배양까지 진행시키면 발효력(가스 발생력)이 현저히 나아진다.

로즈마리 치아바타

Rosemary Ciabatta

건로즈마리를 액종으로 만들어 효모균류를 우점으로 만들고, 다시 원종으로 만들어 밀가루에 잘 적응하는 효모균류를 선택하여 개체수를 늘린 다음, Starter로 로즈마리 치아바타 반죽에 사용하였다. 로즈마리의 향과 맛을 표현하며 신맛은 없애고 가볍고 부드러운 식감의 빵을 만든다.

배합표 생산수량: 150g, 16개

재료	무게(g)
로즈마리 원종	1,000
강력분	1,000
소금	12
물	400
건로즈마리	6
올리브유	76

1. 반죽 : 27℃, 최종 단계

① 믹싱 볼에 제일 먼저 종 반죽을 넣는다.

② ①에 강력분을 붓고 소금을 넣는다.

③ ②에 액체재료인 물을 넣는다.

④ ③에 올리브유와 건로즈마리를 넣고 저속 6분, 중속 4분 믹싱한다.

⑤ 완성된 반죽을 비닐봉지에 담아 발효시킨다.

Tip **1.** 글루텐이 생성된 많은 양의 종 반죽이 본 반죽에 들어가므로 저속을 오래하여 모든 재료를 균일하게 혼합하며, 글루텐의 생성, 발전이 빠르므로 중속은 짧게 한다.

2. 반죽온도를 맞추기 위해 원종은 여름에는 수업 전 냉장고에 보관하여 품온을 낮추고 겨울에는 종의 배양온도를 유지하여 사용한다. 물은 계절에 따라 온도를 적절히 조절하여 사용한다.

1a

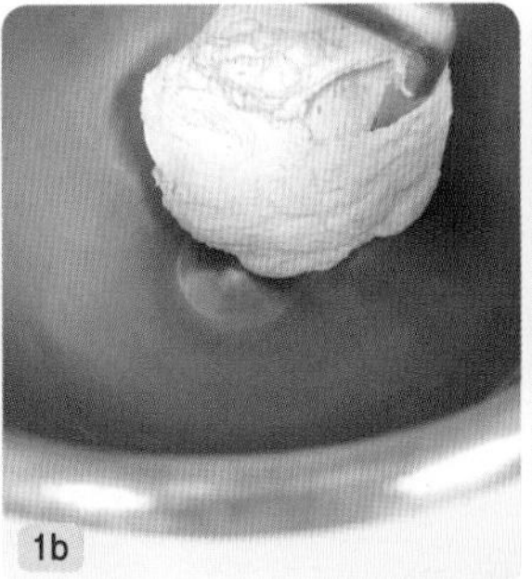
1b

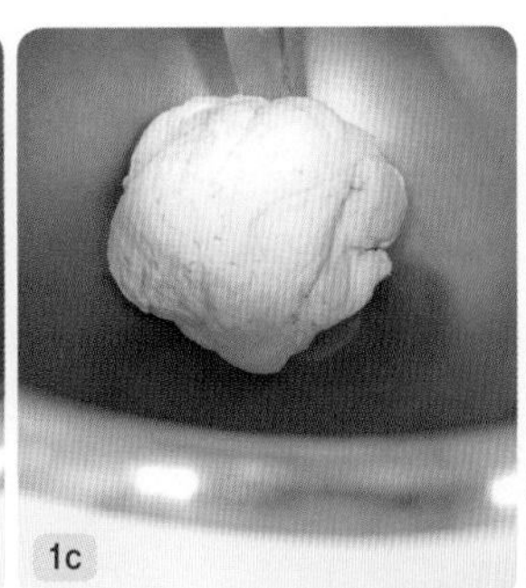
1c

1d

2. 1차 발효 : 계절, 작업장의 온도, 반죽의 양, 냉장고의 성능 등을 고려하여야 한다.

① 고온 발효 : 27℃, 0~60분

② 냉장 숙성 : 5℃, 12~72시간

③ 실온화 : 27℃, 60~120분

Tip 1. 고온 발효에서 미생물의 개체수를 증가시키고 미생물의 발효산물을 생성시킨다.

2. 냉장 숙성에서 작업시간과 숙성의 정도를 조절할 수 있다.

3. 실온화에서 반죽의 온도를 상승시켜 2차 발효시간을 단축시킨다.

3. 정형 : 밀대를 이용해 평철판 크기로 밀어 핀 후 수축을 방지하기 위해 10분 정도 휴지시킨다.

4. 분할 : 150g, 16개

Tip 스크레이퍼로 16등분 한다.

5. 팬닝 : 면포 위에 정형한 반죽을 놓는다.

Tip 천연발효 반죽은 발효 미생물이 생성시킨 발효산물인 유기산에 의해 단백질과 탄수화물이 용해되어 끈적임이 많다. 그러므로 정형한 반죽의 표면에 덧가루를 충분히 묻혀야 면포에서 잘 떨어진다.

6. 2차 발효 : 30~32℃, 75%, 60~80분

Tip 2차 발효는 가장 짧은 시간 안에 제빵사가 원하는 크기로 반죽을 부풀리고 완제품의 특징에 맞는 질감과 식감을 부여하는 공정이다.

7. 굽기 전 : 실리콘 페이퍼 위에 반죽을 놓는다.

Tip 균일한 간격을 유지할 수 있도록 2차 발효한 반죽을 실리콘 페이퍼 위에 배열한다. 굽기 시 빵의 옆면은 대류에 의해 균일한 착색이 유도되기 때문이다.

8. 굽기 : 160℃/230℃ 분무 후 반죽을 넣고 200℃/0℃ 17분

Tip **1.** 천연발효 반죽의 굽기 시 팽창은 1차 발효 시 생성된 발효산물의 휘발에 의해 팽창되는 오븐 스프링이다. 따라서 일반적으로 실리콘페이퍼 위에 반죽을 놓고 아랫불을 높게 설정하여 굽기를 한다.

2. 굽기 시 스팀을 분사하면 반죽의 외피에 수막을 형성하여 껍질의 형성을 늦춘다. 그러면 반죽의 오븐 스프링이 커져 완제품의 부피가 크다. 부수적으로 반죽의 외피가 기형적으로 터지는 것을 방지하고 빵의 껍질을 얇게 하고 윤기나게 한다.

6

7

8

양파·베이컨 포카치아

Onion·Bacon Focaccia

건로즈마리를 액종으로 만들어 효모균류를 우점으로 만들고, 다시 원종으로 만들어 밀가루에 잘 적응하는 효모균류를 선택하여 개체수를 늘린 다음, Starter로 양파·베이컨 포카치아 반죽에 사용하였다. 로즈마리의 향과 맛을 표현하며 신맛은 없애고 가볍고 부드러운 식감의 빵을 만든다.

배합표 생산수량: 120g, 24개

재료	무게(g)
로즈마리 원종	1,000
강력분	1,000
소금	5
설탕	45
물	360
올리브유	200
베이컨	10매
양파	100
건로즈마리	10
토핑용 블랙 올리브	150

1. 반죽 : 27℃, 최종 단계

① 믹싱 볼에 제일 먼저 종 반죽을 넣는다.

② ①에 강력분을 붓고 가루재료인 소금, 설탕을 넣는다.

③ ②에 액체재료인 물을 넣는다.

④ ③에 올리브유와 건로즈마리를 넣고 저속 6분, 중속 4분 믹싱한다.

⑤ 양파와 베이컨은 으깨지지 않도록 믹싱 완료 후 손 반죽으로 섞어준다.

⑥ 완성된 반죽을 비닐봉지에 담아 발효시킨다.

Tip

1. 글루텐이 생성된 많은 양의 종 반죽이 본 반죽에 들어가므로 저속을 오래하여 모든 재료를 균일하게 혼합하며, 글루텐의 생성, 발전이 빠르므로 중속은 짧게 한다.

2. 반죽온도를 맞추기 위해 원종은 여름에는 수업 전 냉장고에 보관하여 품온을 낮추고 겨울에는 종의 배양온도를 유지하여 사용한다. 물은 계절에 따라 온도를 적절히 조절하여 사용한다.

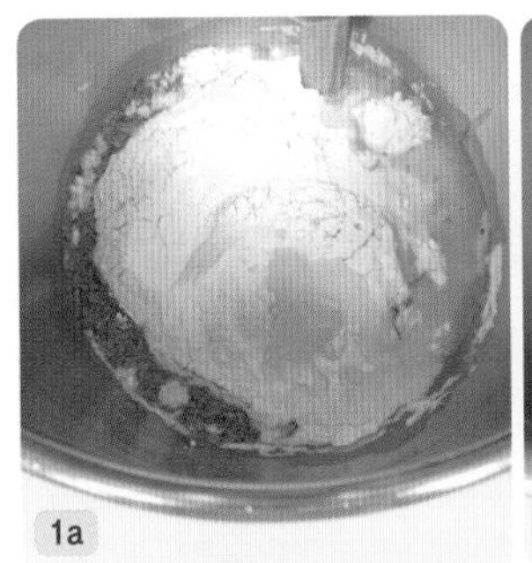

1a

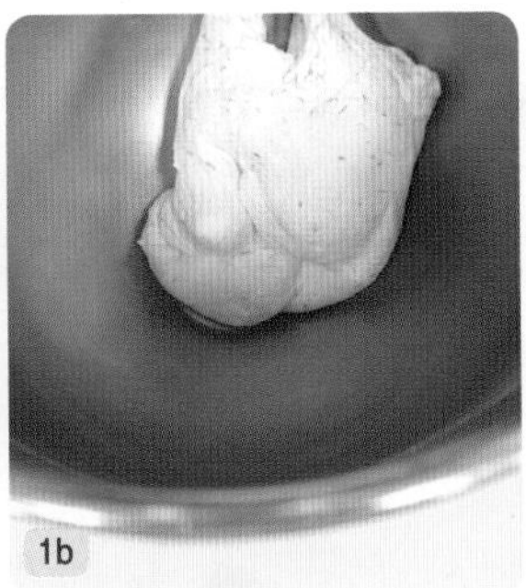

1b

1c

1d

2. 1차 발효 : 계절, 작업장의 온도, 반죽의 양, 냉장고의 성능 등을 고려하여야 한다.

① 고온 발효 : 27℃, 0~60분

② 냉장 숙성 : 5℃, 12~72시간

③ 실온화 : 27℃, 60~120분

Tip 1. 고온 발효에서 미생물의 개체수를 증가시키고 미생물의 발효산물을 생성시킨다.

2. 냉장 숙성에서 작업시간과 숙성의 정도를 조절할 수 있다.

3. 실온화에서 반죽의 온도를 상승시켜 2차 발효시간을 단축시킨다.

3. 팬닝 : 평철판에 올리브유를 바른 후 1차 발효가 끝난 반죽을 평평하게 담아 준다.

4. 2차 발효 : 35℃, 85%, 70~90분

Tip 2차 발효는 가장 짧은 시간 안에 제빵사가 원하는 크기로 반죽을 부풀리고 완제품의 특징에 맞는 질감과 식감을 부여하는 공정이다.

5. 굽기 전 : 소금물(소금 5g + 물 30g)을 붓으로 칠하고 찬 물에 손가락을 담가가며 반죽에 구멍을 낸 후 블랙 올리브를 얹는다.

Tip **1.** 이탈리아에서는 포카치아에 짭조른 맛을 내기위하여 굽기 전에 소금물을 반죽 윗면에 발라준다.

2. 손가락 끝으로 반죽에 구멍을 내는 이유는 단순히 모양 때문이다.

6. 굽기 : 190℃/190℃ 40분, 오븐에서 꺼낸 후 뜨거울 때 올리브유를 바른다.

Tip **1.** 천연발효 반죽의 굽기 시 팽창은 1차 발효 시 생성된 발효산물의 휘발에 의해 팽창되는 오븐 스프링이다. 따라서 일반적으로 실리콘페이퍼 위에 반죽을 놓고 아랫불을 높게 설정하여 굽기를 한다. 그러나 포카치아를 평철판에 붓고 굽는 경우에는 아랫불을 공장제 효모를 넣어 만드는 것보다는 높게 설정한다.

2. 제시된 굽기 온도는 기본 온도이므로 반죽의 2차 발효상태와 실습장의 오븐환경에 따라 온도를 조절한다.

5

6

로즈마리 빠네

Rosemary Pane

건로즈마리를 액종으로 만들어 효모균류를 우점으로 만들고, 다시 원종으로 만들어 밀가루에 잘 적응하는 효모균류를 선택하여 개체수를 늘린 다음, Starter로 로즈마리 빠네 반죽에 사용하였다. 로즈마리의 향과 맛을 표현하며 신맛은 없애고 가볍고 부드러운 식감의 빵을 만든다.

배합표 생산수량: 190g, 15개

재료	무게(g)
로즈마리 원종	1,000
강력분	1,000
소금	15
물	470
올리브유	45
건로즈마리	6

1. 반죽 : 27℃, 최종 단계

① 믹싱 볼에 제일 먼저 종 반죽을 넣는다.

② ①에 강력분을 붓고 소금을 넣는다.

③ ②에 액체재료인 물을 넣는다.

④ ③에 올리브유와 건로즈마리를 넣고 저속 6분, 중속 4분 믹싱한다.

⑤ 완성된 반죽을 비닐봉지에 담아 발효시킨다.

Tip **1.** 글루텐이 생성된 많은 양의 종 반죽이 본 반죽에 들어가므로 저속을 오래하여 모든 재료를 균일하게 혼합하며, 글루텐의 생성, 발전이 빠르므로 중속은 짧게 한다.

2. 반죽온도를 맞추기 위해 원종은 여름에는 수업 전 냉장고에 보관하여 품온을 낮추고 겨울에는 종의 배양온도를 유지하여 사용한다. 물은 계절에 따라 온도를 적절히 조절하여 사용한다.

1a

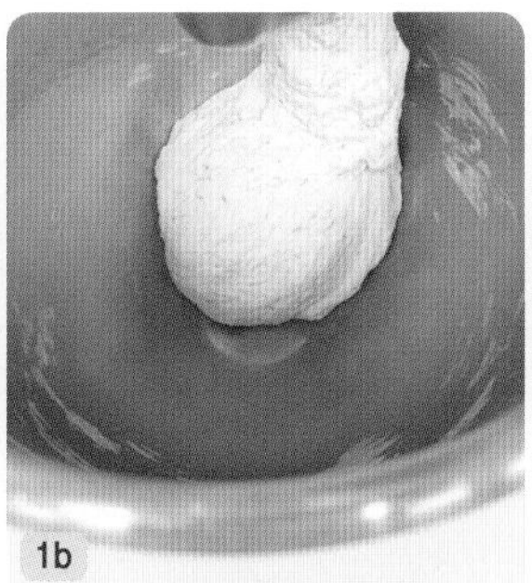
1b

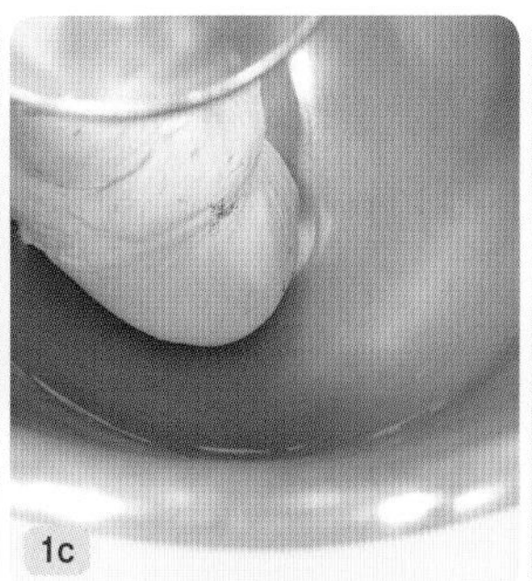
1c

1d

2. 1차 발효 : 계절, 작업장의 온도, 반죽의 양, 냉장고의 성능 등을 고려하여야 한다.

① 고온 발효 : 27℃, 0~60분

② 냉장 숙성 : 5℃, 12~72시간

③ 실온화 : 27℃, 60~120분

Tip 1. 고온 발효에서 미생물의 개체수를 증가시키고 미생물의 발효산물을 생성시킨다.

2. 냉장 숙성에서 작업시간과 숙성의 정도를 조절할 수 있다.

3. 실온화에서 반죽의 온도를 상승시켜 2차 발효시간을 단축시킨다.

3. 분할 : 190g, 15개 → 4. 둥글리기 → 5. 중간 발효 : 20분

Tip 냉장 숙성한 반죽은 반죽에서 차가운 기운을 빼기 위하여 단단하게 둥글리기 한다.

6. 정형 : 타원형으로 만든다.

7. 팬닝 : 면포 위에 정형한 반죽을 놓는다.

Tip 천연발효 반죽은 발효 미생물이 생성시킨 발효산물인 유기산에 의해 단백질과 탄수화물이 용해되어 끈적임이 많다. 그러므로 정형한 반죽의 표면에 덧가루를 충분히 묻혀야 면포에서 잘 떨어진다.

2a

2b

2c

3~5

8. 2차 발효 : 30~32℃, 75%, 70~90분

Tip 2차 발효는 가장 짧은 시간 안에 제빵사가 원하는 크기로 반죽을 부풀리고 완제품의 특징에 맞는 질감과 식감을 부여하는 공정이다.

9. 굽기 전 : 실리콘 페이퍼 위에 반죽을 놓고 반죽의 윗면에 칼집을 낸다.

Tip **1.** 균일한 간격을 유지할 수 있도록 2차 발효한 반죽을 실리콘 페이퍼 위에 배열한다. 굽기 시 빵의 옆면은 대류에 의해 균일한 착색이 유도되기 때문이다.

2. 반죽의 윗면에 칼집을 내면 굽기 시 생성되는 가스가 그곳을 통해 배출되어 기형적 터짐을 방지할 수 있다.

10. 굽기 : 160℃/230℃ 분무 후 반죽을 넣고 210℃/150℃ 20분

Tip **1.** 천연발효 반죽의 굽기 시 팽창은 1차 발효 시 생성된 발효산물의 휘발에 의해 팽창되는 오븐 스프링이다. 따라서 일반적으로 실리콘페이퍼 위에 반죽을 놓고 아랫불을 높게 설정하여 굽기를 한다.

2. 굽기 시 스팀을 분사하면 반죽의 외피에 수막을 형성하여 껍질의 형성을 늦춘다. 그러면 반죽의 오븐 스프링이 커져 완제품의 부피가 크다. 부수적으로 반죽의 외피가 기형적으로 터지는 것을 방지하고 빵의 껍질을 얇게 하고 윤기나게 한다.

7

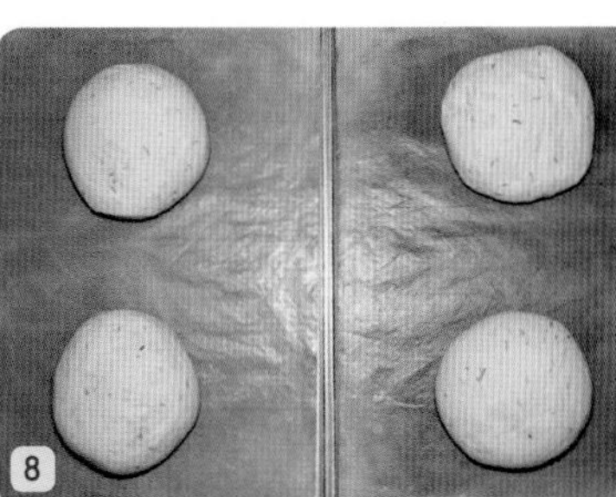

8

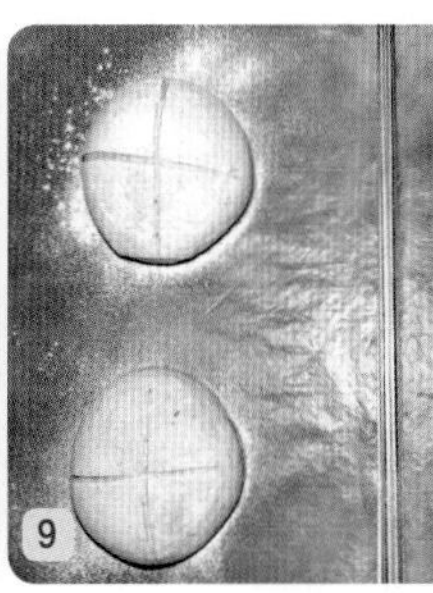

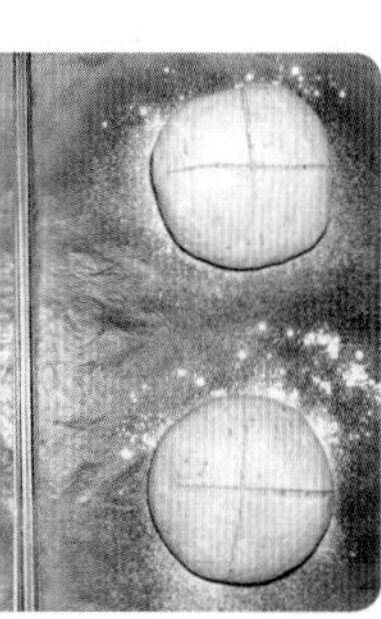

9

천연발효 유럽빵의 이론과 실습

2025년 1월 10일 초판 1쇄 인쇄
2025년 1월 20일 초판 1쇄 발행

저　　자 이노운, 김창석, 이지선
발 행 인 김남인

발 행 처 씨마스21
등록번호 제2021-000079호(2020년 11월24일)
주　　소 서울특별시 강서구 강서로33가길 78 씨마스빌딩
전　　화 (02)2268-1597
팩　　스 (02)2278-6702
홈페이지 www.cmass.kr
E-mail cmass@cmass21.co.kr

기　　획 정춘교
마 케 팅 김진주

디 자 인 표지_이기복　내지_박상군

ISBN | 979-11-983470-4-6 (13590)

정가 18,000원